火鍋

IDEAL BUSINESS

開店

經營設計學

市場趨勢　　經營策略　　空間設計

精準定位立於不敗！

漂亮家居編輯部 —————— 著

Contents

Chapter

01

火鍋市場的
經營趨勢

為探討火鍋的市場趨勢，「Part1-1 火鍋產業熱度不減原因」從學者、廚師、香料達人、設計者等多面向角度，解析火鍋讓人趨之若鶩的原因；隨多數人爭相投入，給予接下來進入市場的心態與建議。「Part1-2 四大火鍋產業型態經營術」以台灣火鍋市場常見經營 4 大模式「獨立／連鎖品牌經營模式」、「集團旗下多元品牌經營模式」、「食材供應商自營品牌經營模式」、「海外品牌經營模式」，請到品牌經營者分享營運心法。「Part1-3 兩岸火鍋空間設計術」則是請到擅長操刀火鍋店空間的設計師來談談現今鍋物空間的設計趨勢與走向。

火鍋

戰國時代來了
！

新店型、電商崛起
嗑鍋形式也跟著多元

文、整理＿余佩樺　攝影＿ Peggy
專業諮詢＿實踐大學餐飲管理學系專技副教授兼系主任高秋英、福華國際文教會館中餐主廚林玉樹、福伯本草養生屋技術長盧俊欽、古魯奇建築諮詢有限公司設計總監暨創辦人利旭恆

> 餐飲行業中火鍋一直是熱門的經營選項，由於進入門檻低，個人經營者與企業集團都爭相搶攻市場大餅，也因為爭相投入競爭愈發激烈。火鍋業態百百種，發展本就潛力無窮，再加上近年隨創新店型、電商崛起，消費模式突破以往，嗑鍋形式也跟著多元，意味進入新戰國時代！

根據 iCHEF《2018 台灣餐飲景氣白皮書》資料顯示，2018 年火鍋業開店數量激增 3 成；再看向對岸大陸市場，據資料顯示，2018 年餐飲行業中，火鍋銷售額達整個餐飲行業營業額的 22％，從這些數字來看，火鍋受消費者青睞，也在餐飲市場中佔有一定的份量。

看準商機，創業者、企業集團紛紛投入經營

在華人飲食文化中，火鍋常出現在圓桌上，從圓鍋到圓桌皆象徵圓滿團聚的意義，使得逢年過節、一般聚會，少不了這樣的飲食選擇，以此把家人、朋友凝聚在一塊，同時又能享用熱呼呼的美食。再者，早期嗑火鍋有季節性之分，因為是熱食多半以冬季為主，而後隨生活經濟條件進步、冷氣空調的發明下，吃鍋幾乎沒有季節性之別，寒冷冬天必定吃鍋，嚴熱夏天在冷氣房裡更是要火鍋。

當然火鍋受歡迎、接受廣的原因還不只這些。實踐大學餐飲管理學系專技副教授兼系主任高秋英分析，「火鍋能滿足多種飲食需求的餐飲形式，因此常成為多數人飲食時的考量之一。」福華國際文教會館中餐主廚林玉樹表示，「火鍋

位於台中的輕井澤鍋物，主打平價鍋物，但卻給予消費者高質感的空間感受。攝影＿Peggy

取材多樣、吃法靈活，價位又有低中高之分，能適應各種人的需求，因此民眾的接受意願就變得很高。」的確，火鍋「派系」相當多，以區域作為分類，如大陸的東北酸菜白肉鍋、山東羊肉火鍋、成都與重慶麻辣鍋……等；以型態區別，石頭火鍋為台灣火鍋市場的先驅者，而後則有吃到飽火鍋、日式涮涮鍋、麻辣鍋……等；另外市場也出現所謂的價格導向，依據價格帶從平價、中低、中高到高價位，再做出鍋物品項的細分。

　　福伯本草養生屋技術長盧俊欽觀察，正因火鍋種類相當廣，加上市場有所求，相較其他餐飲產業，進入技術門檻低，亦不會受限廚師，因此從個人創業到企業集團均爭相投入。他進一步補充，火鍋市場沒有所謂的飽和，而是呈現板塊移動現象，即持續有新的品牌進駐，或是有原有品牌持續壯大。

　　古魯奇建築諮詢有限公司設計總監暨創辦人利旭恆也認為，火鍋業態入門門檻相較其他如粵菜、川菜低很多，廚房設備與人員都亦相對簡單許多，守好菜品、肉品及鍋底湯頭味道，同時把關好品質、環境，整體服務也做的不錯，要創業開立一間火鍋店不會是件太難的事。

成立於2000年的鼎王，服務人員一貫的90度鞠躬以表品牌對「顧客至上」的心意聞名。攝影＿Peggy

台灣火鍋市場版圖出現不同的變化

　　觀察台灣火鍋市場的板塊變化，前後不同時期的火鍋品牌出現，替市場、消費者帶來不一樣的影響。1968 年創立的「可利亞」推出火烤兩吃「吃到飽」火鍋，後來素有台灣第一家麻辣火鍋創始店的「寧記麻辣鍋」上市，掀起一群人共享麻辣鍋的熱潮，時間再往後走，1997 年「錢都日式涮涮」鍋進軍火鍋市場，帶起平價個人鍋，隔年，1998 年「三媽臭臭鍋」趁勢推出，火鍋價格不再高不可攀，就算一個人也能享受吃鍋的美好。而麻辣鍋市場在 2000 年左右，隨「鼎王」的成立，其以服務人員一貫的 90 度鞠躬以表品牌對「顧客至上」的心意聞名，再次掀起國人對麻辣鍋的狂熱，吃鍋被如此禮遇的文化也在消費大眾間傳揚開來；再者品牌對於空間裝潢也更為重視，讓吃火鍋環境更加舒適、有情境。後續隨消費者飲食意識抬頭，對食材、服務更為講究，成立於 2001 年的「橘色涮涮屋」有台灣頂級涮涮鍋始祖的名號，以提供高檔新鮮食材、舒適用餐環境以及貼心服務聞名，打開國人吃火鍋的另一種眼界。

老常在麻辣火鍋是台中輕井澤火鍋最新品牌。攝影＿Peggy

嗅到台灣人愛吃鍋的習慣，一年四季、全台街頭巷尾都能找到火鍋店的特色，海外品牌也積極插旗台灣市場。最有名的莫過於來自大陸的「海底撈」品牌，除了提供產品，「逆天服務」更是暴紅，如擦鞋、川劇變臉秀等服務樣樣來，十足寵溺客人。創立於上海的「撈王鍋物料理」，在品牌成立約 9 年後，於 2017 年鮭魚返鄉在台北市信義區成立台灣分店，把廣式煲湯與傳統火鍋結合的好滋味帶給國人品嚐。

消費者講求新鮮感，讓傳統餐飲業紛紛開始轉型

現今的消費者講求新鮮，火鍋市場又颳起新旋風，在台灣正夯的是超市火鍋。像是掀起全台火鍋超市熱潮的創始者「祥富水產」，母公司是捕魚船隊，提供價格親民、CP 值高的生猛海鮮；「馬辣火鍋」集團旗下的東吉水產，提供和牛吃到飽；海霸王集團則是開設了全台最大火鍋超市「前鎮水產火鍋市集」。面對追求新鮮、有趣的消費者而言，傳統餐飲業、供應商也紛紛開始轉型，推出超市火鍋，不只有海港直送海鮮，消費者想吃什麼就拿什麼，買完即現煮，省去許

肉多多火鍋以肉超多打出知名度。攝影＿Peggy

多麻煩。不過，看向對岸大陸，現今則流行吃火鍋配奶茶，時尚小火鍋品牌「呷哺呷哺」推出新創子品牌「湊湊火鍋茶飲」特色即是將「火鍋」與「茶飲」做一結合，以一食一飲、一熱一冷方式，讓消費者產生獨特的飲食體驗。

　　當然隨著跨通路合作，電商、外賣服務崛起，火鍋品牌也相推出湯底包，或是其他聯名產品，如人氣麻辣鍋物「太和殿」與 7-ELEVEN 合作，推出限量商品如「太和殿麻辣燙」、「太和殿麻辣鍋」等，微波完即可直接開動，解救臨時想辣一下的外食族們。

　　現在各個行業都在講求整合資源，以做多向發展。火鍋市場也一樣，品牌嘗試從深度、廣度做整合發展，提供更多元的服務與商品，讓火鍋市場持續壯大也變得趣。

文__洪雅琪　攝影__ Amily　資料提供__滿堂紅餐飲開發股份有限公司

拓展品牌新風貌，提升市場觸及率
二代經營者以專業優勢帶老品牌走出競爭力

滿堂紅頂級麻辣鴛鴦鍋
張代正

攝影__Amily

People Data

現職／　滿堂紅餐飲開發股份有限公司
　　　　　副總經理

經歷／

2010 年　從美國返台，協助臉書廣告獨
　　　　　家代理引進台灣，在數位廣告
　　　　　新創公司擔任行銷、業務副總
　　　　　等職位約 6 年。

2018 年　接掌滿堂紅品牌副總經理職
　　　　　位，隨 BELLAVITA 品牌形象店
　　　　　開幕開始從管理部門、採購部
　　　　　門學習。

2019 年　研發滿堂紅品牌副產品，並於
　　　　　今年完成海外門市展店。

營運心法

1 央廚模式控管全台火鍋湯底與食材品
　 質。

2 研發品牌副產品，滿足市場缺口。

3 舉辦品牌快閃店，迅速累積知名度。

> 老字號鍋物品牌「滿堂紅頂級麻辣鴛鴦鍋」在經營 14 年後，2018 年父執輩經營者決定將品牌交給下一代，面對社會食安問題層出不窮與食材成本逐漸調漲的困境中，新一任品牌副總經理張代正選擇突破現況，以新世代的管理方式與行銷思維重新翻轉滿堂紅的品牌價值。

　　長年居住海外的張代正（Austin）有著電機工程的求學背景，畢業後回台選擇投入廣告業與青創產業，然而在某次場合與另位董事長兒子 Leroy 共同討論父執輩所創立的滿堂紅火鍋，發現彼此對品牌價值觀有所共鳴、經營模式有所聚焦，促使他們正視品牌企業的改革與短中長程的規劃構想。

對內優化組織管理，有效將團隊合作最佳化

　　由於火鍋店需要大量服務人力，在餐飲業持續缺工的狀態下需要不斷尋求足夠人力填補工作缺口，避免服務品質下降，故滿堂紅在員工訓練的投資成本相當高，加上品牌不走集團服務模式，沒有固定話術、動作而是教導心法，把消費者的問題當作自己的問題解決，並培養外場服務人員對食材的熟悉度，教導客人最佳的煮法，帶出品牌對消費者負責任的態度。

　　在 Austin 上任後甚至開始要求加強各店主廚的內場控管能力，提升門市的工作效率與順暢度，對供應商則是採用雲端方式溝通，當對方提供的食材有疑慮時能立即檢討，不會照單全收而是有制衡作用，另官網也新增線上訂位、電子會員等功能，用 E 化方式加速團隊執行力。

　　面對主打消費者自取自煮的超市火鍋崛起，滿堂紅始終秉持桌邊服務，Austin 認為消費者在超市火鍋挑選食材時，多會憑直覺選擇外觀佳的漁獲肉品，造成賣相差的食材因此被留在架上過久，影響新鮮度與口感，且如果無分派人員

上＿設計師因應火鍋店食材眾多而桌位面積有限，另以活動式菜架擴增菜盤擺放空間。下＿後方用餐區的主景櫻花樹以純白色調為主，藉著上方的嵌燈投射，呈現春夏秋冬的光影變化。攝影＿Amily

定期巡視補換貨，更容易提高食材的耗損率，且無法控管品質，因此滿堂紅堅持桌邊服務的優勢在於店家能主動把關食材品質，同時又能避免徒增多餘人力處理汰換食材。

主動出擊，第一線直接面對市場反饋

堅持食材品質始終是餐飲業基本守則，Austin 觀察，「食材創新求變，其實品牌把關好新鮮度與衛生度，現代消費者是願意以加價的方式提高食材選擇性與享受更高等級的料理。」憑藉這股消費趨勢，滿堂紅央廚投入研發新湯底口味，除了招牌麻辣鍋湯底之外，並於今年 5 月份推出限量椰子雞湯底與大漠孜然鍋湯底，提供消費者鍋物湯頭新奇感，另也配合季節推出限定賞味食材。

對 Austin 而言，與父親經營模式最大差異在於看待「品牌價值」的角度，早期經營者追求最大來客數及翻桌率，然而新一代管理者目標在於「提升品牌價值」，因原在於，忠實客群會隨年紀漸長而改變飲食胃口，再者消費型態也會跟著轉變，必須採用新時代思維模式才能迎戰市場。

他進一步舉例，現今網路購物比例大幅增加，滿堂紅看中這個市場，研發副產品探測市場反應，如販售於全聯超市的「經典麻辣紅湯」，另外也於台北信義區 Bellavita 中庭設立川味牛肉麵品嚐據點，以及及台中廣三 SOGO 百貨舉辦川味牛肉麵快閃店活動……等，藉由產品內容到形式的多面向推出，接觸不同年齡層客源，也提升品牌價值。

Austin 說，「滿堂紅開業至今 14 年頭，多數消費者對品牌的印象就是老字號，雖食材品質維持水準之上，但如果沒有推陳出新隨時代變化，最終將淹沒在消費市場。」對滿堂紅而言，消費者不是不喜歡這品牌只是忘了，借助行銷溝通方式，加上品牌持續精進的態度，讓客群看到它不斷地在成長。

Bellavita店採用大膽的裝潢構想，搭配特殊的造型燈具營造空間的動態感。攝影＿Amily

對外拉近品牌與消費者的橋樑，抱持 Open for anything 的態度

　　此外，Austin 也選擇重新建構與年輕族群的溝通管道，改變老品牌的既有印象。然而要了解消費者的飲食變化不能光守在辦公室討論，必須實戰市場，直接把產品推到市場測試消費者反應，大量索取回饋意見統整並分析大數據，以保持跟市場的緊密關係，像是 Facebook 打卡、IG Hashtag 到年輕世代的抖音潮流，都是推廣品牌的行銷方式，故現在經營生意除了要了解消費者的飲食習慣，更要掌握他們的資訊使用喜好 ，透過產品不斷推陳出新，持續帶給新世代消費者更豐富的品牌價值。

　　對於想投身餐飲業的人，Austin 建議把團隊精簡化，有效率的調配人力並加強自助式食材控管，可藉由低成本產品測試消費者反應，保持高度彈性接受反覆修正的過程，雖然轉型須經歷組織內部重整，也要以樂觀的態度持續尋找合適的夥伴，建立自己的核心團隊。

文＿余佩樺　攝影＿ Amily　資料暨圖片提供＿橘色餐飲集團

用差異創造頂級火鍋市場的新可能

穩住核心、放慢腳步，
讓品牌的每次出擊都能漂亮轉身

攝影＿Amily

橘色涮涮屋

袁保華

People Data

現職／　橘色餐飲集團執行長
經歷／
2013 年　回台至橘色涮涮屋見習
2019 年　擔任橘色餐飲集團執行長

營運心法

1　百貨商場合作，觸及年輕客群。
2　火鍋結合酒吧，創造互利雙贏。
3　隨機應變，服務才會靈活。

020

2013 年橘色餐飲集團執行長袁保華，被父親即橘色涮涮屋創辦人袁永定徵召回台協助接手家中事業，空降接班的他，過程中屢屢受挫，雖然曾一度想放棄，但內心想證明的聲音讓他堅持了下來。期間袁保華改變自己也針對組織問題重新做調整，不僅讓品牌再一次漂亮轉身，同時也在市場中用差異迸出頂級火鍋市場的其他可能。

　　高中畢業便赴美唸書的袁保華，畢業於美國加州大學柏克萊分校化工系，當初怎麼樣也沒有料想到會從理工產業改投入餐飲業。他回憶，「畢業後就順利進入相關領域工作，直到 2013 年父親希望我回台幫忙，便決定從美國返台了。」當時的袁保華並無多想，單純回來試試看的一個念頭，便遵照袁永定的安排，一路從最基層做起。

空降接班挫敗不斷，懂得檢視自己找出問題源

　　起初在基層歷練的階段袁保華都還蠻開心的，久而久之，開始看到組織內部的既有問題，再者他的身分又是從員工轉為資方，連帶一些意見聲音也四起，那段時間讓他印象最深的就是一直在挫敗，「那時不斷地拋出嘗試與想法，但同時卻也接到許多的反彈……」持續在問題無法獲得解決、改善的輪迴下，2016 年袁保華曾一度放下這些，退居到幕後。

　　父親也同意這樣做？袁保華搖頭笑著回應，「當然是沒有，他仍要我在現場中再試試，引起我想真心投入餐飲的可能……」直到有一天，橘色餐飲集團執行長袁悅苓，邀請他去上一門「新世代管理課程」，在課程中袁保華清楚意識過去的管理總以指責別人為出發，但卻忘了回頭檢視問題有沒有可能是出現在自己

上_2018年袁保華不僅將橘色涮涮屋帶進百貨商場，更創新與酒吧品牌Abrazo Bistro 合作，在候位區設置酒吧，把美式餐廳的餐前酒概念帶入火鍋餐飲市場裡。下_橘色涮涮屋店內除了可品嚐到新鮮食材外，另也提供桌邊服務，人員除了代客剝殼也會在主餐快用盡時協助煮黃金粥。圖片提供_橘色餐飲集團

身上？那一刻後，袁保華開始檢視自己，明瞭自己也是中途跨入餐飲業，要讓同仁信服相關決策與作法，自然得花時間與他們說明、溝通，「過去的我很可能是話說的太快、說的不夠清楚，抑或是表達過程中夾雜情緒，種種因素使得對方不理解也不敢問，導致他用自己方法做事，但最後出來卻不是我要的結果，自然問題、誤解就產生。」看到問題癥結後，袁保華嘗試做出改變，優先調整自己，也懂得看見同仁好的、對的一面，漸漸地情況獲得改善，逐步累積起自己的團隊，也看到經營、管理餐廳有趣的地方。

百貨商場合作轉機，激起想一搏的決心

轉變契機除了管理課程的啟發外，2017 年新光三越提出合作邀約亦是一項重要的轉捩點。

台灣的餐飲行業過往優先選擇在街邊店經營餐飲，但隨飲食文化正在改變，這樣的選點策略，一來客群無法再擴散，二來也會影響影鄰近居民的居住品質。袁保華相中這股趨勢，再加上看準百貨商場的集客力與行銷力，使得當新光三越提出合作想法時，便燃起了他的鬥志。「多年前新光三越就曾提出合作，但礙於父親對百貨營業時間的考量便作罷，但我知道時代不同了，是該嘗試進去的時候了，否則橘色永遠只能鎖定高端客群，而無法將觸角跨向年輕消費端。」

就在 2018 年 9 月正式進軍百貨商場，協同百貨將營業時間拉長，此外他也在橘色涮涮屋新光三越 A9 館中，導入來自美式餐廳的餐前酒概念，與酒吧品牌 Abrazo Bistro 合作，在候位區設置酒吧，讓客人在等候之餘可以喝點小酒。進入百貨商圈也讓袁保華意識到相互合作的重要性，「無論是進入百貨商場，還是與 Abrazo Bistro 的合作，就是魚幫水、水幫魚，共同創造互利雙贏的局面。」

除了進駐百貨商場，另也與姐姐袁悅苓一同在 2017 年催生新的火鍋品牌「Extension1 by 橘色」，這不僅是相中高端小火鍋市場，也希望藉由拓點展店方式，提供員工同仁完整的升遷管道，這不單只是用差異迸出頂級火鍋市場的其他可能，背後更希望能將橘色的精神傳承下去。

延續服務優勢，順應需求靈活應變

　　面對競爭市場，絕不單只有光靠拓點展店、異業合作方式就足以，回台接手事業的 6 年時間裡，袁保華也清楚意識到，橘色能在市場上脫穎而出，決勝關鍵在於「服務」，總有人問他有沒有使出哪一招就可以收服、攏絡消費者的心？他笑著回應，「絕對沒有！服務既沒有 SOP、更沒有招式，也不會有所謂的一招一式就能搞定所有人。」「在服務前想想自己吃飯時在意什麼？需要什麼？好比女生不喜歡在外吃飯剝蝦、剝蟹殼，有礙儀態美觀，於是橘色就提供了剝殼服務，滿足客人所需，也讓提供服務這個行為變得更合宜。」他進一步解釋。

　　縱然在與袁悅苓接手後，共同催生出新品牌與分館，彼此知道要繼續保有橘色的服務優勢，「人員」的培育勢必更為重要，在教育上就服務部分來說，袁保華選擇不提供招式來傳授，而是採取導入觀念方式來訓練，「觀念對了，就能隨機應變，服務才會靈活。」另外他與袁悅苓也選擇讓同仁一起了解店鋪的經營管理，唯有親身參與才能理解其中的學問。

　　2017 ～ 2018 年之間，袁保華與袁悅苓投入了許多想法，讓橘色有了轉變與蛻變，兩人協力接手，就是要讓整體變得更加完善，好因應瞬息萬變的市場。接下來仍有其他發展計畫，甚至不排除走出台北市，但袁保華知悉，要再往下一步跨出時，從後勤人力資源、協力廠商……等都必須建置更完善，如此才能借力使力讓品牌再邁向新一步時更具意義。

2017年以新品牌Extension1 by橘色進軍內湖商圈，挑高寬敞的場域，提供國人精緻的小火鍋用餐空間。圖片提供＿橘色餐飲集團

文__陳頭如　攝影__ Amily　資料提供__前鎮水產火鍋市集

不追求大量連鎖複製，
而是鞏固市場、優化既有品牌

每次開店都挑戰做不一樣的模式，激盪嶄新客源層

攝影__Amily

前鎮水產火鍋市集
李慧珊

People Data

現職／　海霸王集團總經理
經歷／
2013 年　日月潭雲品酒店副總經理
2015 年　接掌海霸王集團副總經理
2016 年　成為海霸王集團總經理，並規劃
　　　　　成立打狗霸複合式平價火鍋店
2019 年　規劃成立前鎮水產

營運心法

1　借鏡他人，做出超市火鍋差異化。
2　以複合式餐廳觀察客群別。
3　善用集團優勢，共享資源。

面對超市火鍋的興起，要如何在廣大市場提高品牌辨識度，海霸王旗下品牌「前鎮水產」不像其他火鍋連鎖店採取快速展店模式，而是秉持一步一腳印、有計畫性地鞏固既有市場，透過大型複合式店面研究來客族群，不斷優化品牌。擁 20 年的飯店資歷，也曾待過連鎖餐飲業，海霸王集團總經理李慧珊目前負責集團旗下旅館飯店與餐飲事業，對於如何因應快速的市場變化，跟上最新趨勢，她具備相當充足的經驗。

　　觀察前鎮水產，可以看出海霸王集團底下品牌的特點，第一、通常都很大、霸氣且澎湃，座位一定都很寬闊。第二、不講求頂級高檔的食材，走「國民路線」才能創造經濟規模，因為平價匯聚人氣，有人潮才能匯聚錢潮。第三、要跟海霸王集團擅長的海鮮事業有關聯，並以優於市場同業的採購能力延伸優勢，才能聚足營運力、店鋪力、活動力，開創全台北最大的超市鍋物。

借鏡不同的超市火鍋，走出差異化

　　前置籌備約花了半年，原以為開超市鍋物，不就是在一個足夠的空間內放入冰箱、冰庫，以及準備各式各樣的新鮮食材就能吸引人潮，李慧珊苦笑說道：「開超市真的沒有想像中那麼簡單，除了食材的清洗之外，每天計算時價與更換包裝上的條碼，很多事情都是在試錯中慢慢摸索出來，做了才知道有多困難。」

　　相較於傳統火鍋店簡略的裝潢，同樣是去吃火鍋，如果口味沒有太大差別，和朋友聚會何不選擇有情調、有氛圍的環境。前鎮水產的設計風格是以溫暖的日式禪風搭配台灣元素，希望普羅大眾都能接受。此外，冰箱擺放的位置與超市陳列面也會影響動線，「店面設計不僅參考台北的火鍋店，連台中的也一併列入考量，光是設計圖，就畫了不下 20 張，甚至在裝潢後期也曾拆了重建，只為了打造最舒適的店面。」李慧珊補充。

上_不只是新鮮食材,還有提供特製甜點、冰品,以及飲料。下_舒適與寬敞的購物環境,讓人忍不住想多買一些商品。
攝影＿Amily

　　結合德立莊飯店其他品牌，前鎮水產不僅能讓消費者在店內用餐，還提供部分能夠外帶的日本壽司、手工製作的冰棒，「剛開店沒多久，有訪客問說是不是可以買回去，因此在商品規劃上有切分出適合外帶的品項，滿足樓上房客不用走出飯店就能在超市購物的需求，同時也是利用德立莊空間特色，使營運續效極大化。」李慧珊表示。

以複合式餐廳觀察 TA，將重疊客群降到最低

　　「以旗下火鍋品牌打狗霸與前鎮水產為例，用相同產品去嘗試各種不同的可能性，再從中去思考如何讓產品更優化，另外，還得要清楚兩品牌的客源層大不相同，就不怕集團內部的品牌彼此搶生意。」李慧珊解釋。通常年輕族群會傾向前往超市火鍋，想吃什麼拿什麼，餐盤上不會出現不敢吃的食物；而下班只想悠閒放空地吃一頓晚餐的上班族，會傾向吃店家已經配好的火鍋套餐，由此可知，兩種火鍋的客群截然不同。喜歡自己煮出美味湯頭的人，也可就此發揮創意。

　　在食材的選用與價格上也有所區隔，打狗霸的客單價大約落在 NT.320 ～350 元，前鎮水產則是約 NT.450 元。「目前的餐飲業實在太競爭，在開店之前，一定要清楚知道商品特色是什麼，吸引到什麼樣的客人，客人的消費習慣如何，如果沒有事先做功課，開店後就會不知道後面的路要怎麼走。」李慧珊強調。

運用強大母集團資源，因應競爭激烈的市場

針對宣傳活動，李慧珊提到：「如果要吸引年輕人族群，我們提供的活動跟吸引長輩族群、家庭的活動絕對不一樣，從活動購面、宣傳通路，都要仔細評估考量。由於我們的主打客群是年輕人，他們重視看得到的實質回饋，因此在前鎮水產的試營運期間，就推出消費滿 NT.880 元，即可獲得 1 份青龍蝦。」鎖定客群，規劃顧客感興趣的活動，就能精準打中目標消費者。

前鎮水產目前主要宣傳活動皆以網路、手機為主，未來還會透過手機推播，針對超市特性推出每週促銷商品，每個月有特賣活動，讓來店消費者感覺真的像是在超市消費一般。

擁有海霸王集團的食品物流優勢，且在自家飯店設點，不僅省下租金成本，還能運用集團設計部門，快速掌握裝修細節，完全不假他人之手。從來店客群測試市場水溫，不斷優化、推陳出新，藉此取得消費者的青睞。前鎮水產現階段不考慮加盟，每間店都會以直營模式經營，未來將保持湯頭的一致性，與食材的新鮮度，讓消費者能持續享用火鍋饗宴。

結合日式禪風與台灣元素，餐桌上的燈以天燈造型呈現。攝影＿Amily

文＿余佩樺　攝影＿＿Amily　資料提供＿撈王（上海）餐飲管理有限公司

了解當地市場需求與變化，
成海外立足關鍵

發揮管理精神，讓品牌更具競爭力

攝影＿＿Amily

撈王鍋物料理
廖志偉

People Data

現職／撈王鍋物料理首席執行官 CEO

營運心法

1　有及時應變能力，隨局勢做調整。
2　SOP ＋預前標準化，減少人為操作
　　不確定性。
3　整合供應鏈，掌控食材成本與數量。

進入餐飲業前，撈王鍋物料理首席執行官 CEO 廖志偉原從事電子業，決定投入後便選擇親身參與，理解餐飲品牌經營大小事，同時他也善用過往經驗，發揮管理精神，將經營餐飲業中容易遇到的問題（如留住人才、供應鏈、店鋪延展等）一一克服，讓品牌擁有更高的競爭力。

　　投入撈王鍋物料理（以下簡稱撈王）前，廖志偉曾在明基 BenQ 任職，當時調派至大陸蘇州的他，與撈王創始人之一趙宏澤本就熟識，那時的市場還未出現廣式煲湯與傳統火鍋結合的產品，趙宏澤相中市場缺口機會，廖志偉也看好，便加入團隊一起經品牌。

面對種種環境因素，要有即時應變能力

　　面對海外市場的經營，廖志偉認為，「應變能力相當重要。」會這麼說不是沒有原因，因為走到海外經營，既要看內在環境，外在因素更是不可不留心。廖志偉解釋，「這幾年大陸餐飲業店鋪逐漸從街邊店走向百貨商場，兩者經營模式、思維大不同，若無法快速跟上腳步並調整，就容易被市場淘汰。」

　　在過去，街邊店向來是許多大陸餐飲人創業的起點，但隨政府相繼提出城市改造計畫、餐飲業與居民住宅樓分離政策施行……等，餐飲業陸續進駐到百貨商場，撈王鍋物料理早先嗅到市場的轉變，於 2016 年就開始轉型進入百貨商場，以致 2017 ～ 2018 年街邊店出現消長時，未受到波及。再者，這幾年受電商大潮的衝擊，餐飲業也不斷地迎向新變革，外賣是其中一例，因應市場需求，再加上撈王鍋物料理也有自己的中央工廠，有能力賣出更多的菜品、服務更多消費者，便趁勢推出外賣配送服務，讓饕客不必排隊在家也能享受豬肚煲雞鍋物的好滋味。

撈王鍋物料理於2017年鮭魚返鄉回到台灣設分店。攝影＿Amily

　　至於外在因素，像是 2018 年非洲豬瘟疫情事件、2019 年中美貿易戰等，這也都對餐飲業有著影響。廖志偉表示，發生洲豬瘟疫事件時，內部緊急採取更換豬肉貨源，等到疫情控制住、內地貨源無虞，才再換回來；至於中美貿易戰則影響擴店決定，究竟要擴幾家、展店速度又如何？都得隨局勢做因應與調整。

標準流程管理，確保食材品質的穩定性

　　進入海外市場的挑戰當然不只這些，就像初期開店，撈王忽略了飲食文化的差異，直到深入了解後，從空間、吃法著手，讓吃鍋變得有趣還很享受，漸漸地在滿足當地人訴求用餐的環境與氛圍後，整體才逐漸步上軌道。

　　撈王能在市場掀起話題，除了本身產品定位特殊，再者也以現熬、手作創造出鍋物與品牌特色，但人為操作仍會存在著些許的不確定風險，出身電子業的廖志偉相當重視管理，光是製作上就擬定出一定的 SOP（標準作業流程），再將這些 SOP 下放到各個店家，讓每間店的同仁所呈現出來的食物品質都是一致的，如豬肚煲雞鍋物的湯頭、馬蹄竹蔗水等。

　　當然只有 SOP 還不夠，廖志偉與團隊還加入了所謂的「預前標準化」作業流程，於 2013 ～ 2014 年特別成立了中央工場，食材會預先在中央工場就做好處理，包含包裝、運送……等，藉由機械化方式來減少人為操作的不確定性，同時也確保食材品質的穩定性。

站穩步伐後，再一步步突圍市場

　　廖志偉重管理也重目標，他說，過去工作的經驗已習慣設定目標，而後再朝那個目標方向努力，面對撈王亦是如此。然而要達到所設立的目標，後備資源必須完善才能有機會達成，這也是為什麼廖志偉與團隊相當重視人才培育，像是企業內部設有研發中心、食品工廠等，一來可確保食品安全、加強把關，二來則是讓同仁都能有所學習、成長以及突破；後備資源還包含所謂的供應鏈，如何讓食品貨源供應不斷、不出錯，亦是廖志偉在追求的，以至於今年將著重在供應鏈的整合，有效掌控食材品質、數量甚至成本，連帶對後續店鋪延展有所幫助。

　　餐飲業經營門檻較其他產業來的低，需要的資金及進入障礙少，使得創業者趨之若鶩，特別是火鍋潮流在大陸亦不退燒，既有本地品牌，同時也有外來品牌相繼搶進，究竟撈王該如何應對？廖志偉說，「腳步踏穩才邁開新步伐！如果只是跟著潮流而進，那永遠只能被帶著走……」

　　過去總給人經營華東市場品牌印象的撈王，近年已陸續進軍北京、深圳、武漢、西安、重慶、安徽、陝西等地，足跡遍及華南、華北、西北與西南市場，甚至在 2017 年也鮭魚返鄉回到台灣設分店，對於接下來的市場，廖志偉說，他與團隊也已規劃好接下來的展店計畫，甚至也在評估其他海外市場發展的可能性，等到後備資源更加完善時，就會一步步突圍市場。

撈王鍋物料理近年已陸續進軍北京、深圳、武漢、西安、重慶、安徽、陝西等地，足跡遍及華南、華北、西北與西南市場。攝影__Amily

文、整理＿余佩樺　資料暨圖片提供＿周易設計工作室

揉入精神意象與地景，讓鍋物場域擁新視野

空間留有餘地，讓人願意稍作停留、感受

周易設計工作室

周易

圖片提供＿周易設計工作室

People Data

現職／　周易設計工作室創始人

經歷／

1979 年　自學方式學習建築與室內設計

1985 年　創設周易室內設計工作室

1995 年　創設周易概念建築工作室

營運心法

1　揉入精神意象，使人留下印象。

2　用設計讓人與空間產生共鳴。

3　空間顧客有感，業主能獲利。

現今的餐飲空間，食物好吃已成基本，連帶空間設計也要讓人感到舒適、美觀，才會讓人想一再上門光顧。周易設計工作室創辦人周易在所操刀的鍋物空間中，揉入主題、精神意象以及地景，帶給國人火鍋空間全然不同的感受。

　　周易，投身設計超過 30 年，作品得獎無數，全台知名、具話題的餐飲空間，如「輕井澤鍋物公益店」、「天水玥秘境鍋物殿」、「輕井澤拾七石頭火鍋店」、「九川堂鍋物蘆洲店」⋯⋯等，多出自於他手，藉由設計提供國人對餐飲環境、鍋物空間不一樣的感受與體驗。

主題精神、意象概念變得相對重要

　　源於最初人類的飲食文化的火鍋，流傳、發展至今，除了食材與料理方式多元豐富外，空間設計也不斷地在轉變與創新。周易觀察，「現在的人對於用餐環境愈趨要求，如何讓消費者留下深刻印象，成為一項很重要的課題。」

　　的確，就台灣的火鍋空間設計而言，在早期仍不算講究，直到出現周易所設計的「輕井澤鍋物員林店」後，趨勢開始出現變化。周易解釋，當初業主找上門時，是希望能協助規劃定位落在平價的鍋物空間，雖消費走得是平價路線，但仍想提供消費者具質感、有意境的場域感受。對於喜歡挑戰的周易而言，當然想嘗試看看。不過首間店（輕井澤鍋物員林店）所面臨的挑戰就不小，建築立面放上斗大的品牌名稱字體，並加了大燈籠，以一定的視覺量體吸引人流、車流，成功化解路沖店面的原本的擔憂。首間打響名聲後，周易接著再操刀「台中輕井澤鍋物公益店」，兩者中均將禪意意象揉入，輔以竹林、水景、枯山水等元素，讓用餐環境更具意境。

上_九川堂鍋物蘆洲店以木格柵、書法作為店招,成功營造和風意象,簡潔外觀在遠處就能吸引往來行人或駕駛的注意。下_空間中,周易運用水池、聚焦燈光,並擺入上主指定的泰國佛,形塑成環境中的焦點。圖片提供_周易設計工作室

　　陸續像是「天水玥秘境鍋物殿」、「九川堂鍋物蘆洲店」也邀請周易做規劃。周易談到，對於揉入意象、主題部分，有時是他給予建議、有時則是從業主需求或信仰出發。以天水玥秘境鍋物殿為例，因業主篤信佛教，渴望能將信仰融入，於是他以佗大的佛視頭像作為主視覺，再搭配煙霧裊裊的水景，共同營造出秘境氛圍，提供火鍋饕客有別以往的空間感受。

　　在揉入意象時，周易也藉由「共鳴」讓人與空間產生連結，由於台灣人很喜歡日本文化、接受度也頗高，像「輕井澤拾七石頭火鍋永春東七店」，他便在屋簷仿照日本寺社懸掛巨大的祝連繩，既是亮點也具祈福意含，更重要的是能夠讓人們透過對文化的理解認識拉近用餐環境之間的關係。

空間既要讓顧客有所感，亦要讓業主能獲取利益

　　規劃時周易也很強調使用者入店的感受，所以在作品中可以看到他會讓空間留有餘地，也許是等待區、也許是環境造景，藉由不刻意做得過滿手法，讓人置身其中可以稍稍放慢腳步，用完餐後不是急忙離開，而是能稍作駐足，用觸覺、視覺、聽覺感受空間的美好。「水池」就是周易設計時常用的元素之一，就風水而言，活水帶財；從心理學來論，潺潺水聲亦能營造祥和氛圍。在「天水玥秘境鍋物殿」、「九川堂鍋物蘆洲店」等，就有加入這項元素，搭配空間中的照明設計，相互增添了幽然、寧靜氣氛。

　　周易明白，規劃商業空間有趣的地方在於具可嘗試性與突破性，這也是為什麼自己很喜歡設計規劃商業空間的原因。但他也明確點出，操作商業空間就是在進行一項商業行為，得要能協助業主賺錢獲利，那才能算得上成功，否則一切都只是枉然。因此，在幫助主規劃時清他楚知道，桌數與座位量是很重要的關鍵，不能安排得過滿、也不能因設計而有所犧牲。座位桌數配置的過滿，服務、出餐速度無法負荷也是徒勞；桌數配置的過少，無法達成一天營業率，則無法讓店鋪有效經營下去。

輕井澤拾七石頭火鍋永春東七店，整棟建築自人行道退縮8米，屋簷仿照日本寺社懸掛巨大的祝連繩且設有日式水景，讓人能在這愜意候位。圖片提供__周易設計工作室

由於業主相當重視客人用餐的感受，規劃時並不追求桌數，而是保留適當桌距，讓消費者能舒適、無拘束地品嚐鍋物料理。圖片提供__周易設計工作室

文、整理__余佩樺　資料暨圖片提供__古魯奇建築諮詢有限公司

藉由設計整合，讓火鍋空間升級換代

有意義跟隨趨勢腳步，
才能使每次的超越邁向更好

圖片提供__古魯奇建築諮詢有限公司

古魯奇建築諮詢有限公司

利旭恆

People Data

現職／ 古魯奇建築諮詢有限公司設計
　　　　總監暨創辦人

經歷／

1999 年　英國倫敦藝術大學 BA（Hons）
　　　　榮譽學士

2004 年　古魯奇公司設計總監／創辦人

營運心法

1 食物、環境與服務的多維度升級。
2 給予體驗，加深顧客對品牌的黏著度。
3 有意義跟著趨勢走，不盲目而行。

古魯奇建築諮詢有限公司設計總監暨創辦人利旭恆，自 2004 年承接大陸當時的火鍋第一品牌「鼎鼎香」設計後，開始受到餐飲界與媒體的關注，就此走上了專業的餐飲空間設計之路。後續像是「海底撈」、日本火鍋品牌「溫野菜」也爭相與利旭恆合作。面對競爭激烈的餐飲空間，特別是多數人爭相投的火鍋市場，他認為，設計提出創新觀念的同時，也在思考如何升級換代！

　　依據大陸餐飲行業市場資料顯示，2018 年餐飲行業中火鍋銷售額達到整個餐飲行業營業額的 22％，市場需求足以可見，也促使許多人爭相投入經營。回過頭看看這幾年的改變，流行趨勢追趕下，也迫使火鍋產業的變化速度得也愈來愈快。

　　這樣的快的確直接影響到設計層面，長年於大陸的利旭恆觀察，兩地的火鍋市場呈現出迥異的發展路線，相對成熟的台灣市場而言，民眾對於 CP 值的重視度高於大陸，反觀大陸民眾，所重視的則是整個消費體驗感，正因關心面向的不同，所對應出來的空間設計自然也有明顯差異。

用餐必須在多維度上升級，包含食物、環境與服務

　　利旭恆進一步分析，「近年大陸消費者們更加關注『消費體驗』，餐廳環境好、食物美味、兼具 CP 值，這些早已不能滿足消費者，他們的需要的是在多維上的升級，包含食物、環境、服務、性價比等，當體驗感與價值度一併往上抬，不來店消費都難受。」

　　要給予有別以往的用餐體驗，空間規劃自然變得重要。利旭恆以「聚酒鍋」與「官也街澳門火鍋」兩品牌來做說明。兩者平均消費為人民幣 500 元，但品牌調性與定位走向卻現呈兩極端差異，「聚酒鍋」主打日式火鍋，全店採包廂設

上_官也街澳門火鍋在材料使用方面主要運用了原木為主的自然材質,並利用最為原始的搭建手法製造出豐富的空間效果。下_位於大陸上海的聚酒鍋,空間設計採取充滿寧靜氛圍的日式禪風,進入餐廳前需要穿過一處廊道,賦予空間安靜愜意的印象,也讓來店用顧客心情得到沉澱。圖片提供__古魯奇建築諮詢有限公司

計，僅少數幾個開放空間用餐區，強調提供入店用餐者私密、舒適、放鬆的用餐體驗環境；定調為港式火鍋的「官也街澳門火鍋」，為營造出香港人聲鼎沸的熱鬧用餐環境，包廂設計佔比相對少，絕大部分多為開放式的用餐環境。「沒有所謂的好壞絕對，但業主必須清楚，究竟要給予怎樣的用餐體驗，才能找出適合的設計形式。」

　　設計部分，利旭恆提醒要從設計的概念與主題下手，概念盡可能乾淨純粹，才能將核心的主題元素突顯出來，而這個主題元素又必須與品牌定位相呼應，調性不易走偏也有助於增加消費者對空間、品牌的視覺記憶。另外，餐飲室內空間設計也能與平面設計做搭配運用，衍伸出專屬的室內建材，品牌調性自然能形成，亦有助品牌信息的傳遞與提升。

給予體驗的過程中，也加深消費者對品牌的黏著度

　　給予好的空間體驗與價值，除了從主題、形式切入，展現細節的設計也是提升好感度的一種。利旭恆認為，「提供專屬設施會是接下來的發展重點！」像是「海底撈」就研發出專屬的特殊菜架、安裝於火鍋桌面下的排煙裝置、兒童遊樂室……等，跳脫單純的氛圍提供，背後突顯的是「專業度」，加深消費者對品牌的信任與黏著度。

　　然而整體餐飲市場環境一直在變化，就連消費人口、消費習慣亦是如此，眼下，包含火鍋產業都面臨共同問題——如何升級換代，但整合升級是一個過程，都需要時間去驗證。這樣的升級也許是異業結合，像是近年掀起手搖飲與火鍋結合的餐飲業態，有別與傳統餐飲將吧台規劃在餐廳內部，改由將手搖飲吧台設置在餐廳門面的最前端，宛如獨立於餐廳的一個手搖飲吧台，讓業態能滲透不同客群，同時也有助於茶飲、火鍋的各自銷售。

　　利旭恆也觀察，不少的餐飲品牌靠著環境或菜品出名，如主題打卡牆就是環境中重要的一環。搶眼的打卡牆設計的確帶給消費者一個強烈的關注，同時也將消費大眾對於品牌的感知，推向另一個高度，餐飲品牌要維持住這股新鮮感，勢必就不斷地想辦法更新換代，但，出現不少品牌很難再次超越先前所帶給消費者的感受。「這反應出創新所帶來的風險，當決定用創新做再次提升時，記得先試想，這樣的做可能會變得比以前更好？還是有可能變得更不好？要有意義地跟隨趨勢腳步，才能讓每次的超越走向更好。」利旭恆深切地提醒著。

餐廳中除了大大小小的包廂之外，還有一片如同竹林般的卡座區，透過深淺不一、彎曲木條組成半圍合形式，形成半開放式包廂，讓飲食空間充節奏與通透感。圖片提供__古魯奇建築諮詢有限公司

Chapter

02

全台19家
火鍋品牌開店經營術

依照火鍋市場常見經營 4 大模式「獨立／連鎖品牌經營模式」、「集團旗下多元品牌經營模式」、「食材供應商自營品牌經營模式」、「海外品牌經營模式」，挖掘全台 19 家知名火鍋品牌運營心法！

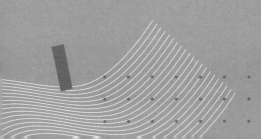

文｜洪雅琪　攝影｜Amily　資料提供｜大安 9 號鍋物

大安 9 號鍋物

由姐妹檔謝宜倩（Lisa）與謝宜穎（Stella）共同經營的「大安 9 號鍋物」，暗色系的裝潢門面突顯招牌，帶有著低調自信卻保有獨特風格。原址前身是家擁 40 年歷史的日本料理老店，曾經 Lisa 與 Stella 也是店內座上賓，常與老闆切磋經營想法，沒想到最後日本料理店面臨光榮退場，意外讓兩姐妹踏上餐飲經營之路，開啟以「私廚」型態作為主打的火鍋空間。

隱身大安巷弄私廚，品嚐稀珍海鮮味蕾

秉持創業初忠，從貼心的服務出發

當時 Lisa 與 Stella 作為日本料理老店的常客，在店家選擇歇業後，她們也意外承接下店面，一方面是想延續這份熱愛美食的心，另一方面則是因為長年往返大陸的 Lisa 對當地的飲食如數家珍，有著敏銳味覺的她嚐遍大江南北後，開始對這樣的飲食模式產生興趣，進而想要了解，而後萌生想開一間專門招待貴賓的私人會館：「那是一個能放鬆吃飯聊天，不被打擾的空間。」就是這個隨著生活累積而來的經驗，大安 9 號鍋物的雛型落在 Lisa 心中。

把「私廚」概念引進火鍋市場裡

憑藉 Lisa 與 Stella 對原店的記憶，即便既有老客戶對新開幕的店有著更高的期許，她們還是秉著當初對私人會館的夢想，咬牙將整家老店

1樓的鐵板燒料理區，從布簾到水晶吊飾皆出自Lisa 手稿繪製，再經由專業師傅製作。攝影__Amily

出菜口後方的水族箱養殖店內所用的海鮮食材，給高端顧客看的到的新鮮度。攝影__Amily

Brand Data

大安 9 號鍋物嚴選產地直送新鮮食材，搭配美國 Prime 牛小排、肋眼並主打鮮活海鮮，佐以創意日本料理做搭配，讓賓客享用最上等的佳餚，另用餐環境以深色大理石砌成，採半開放式的包廂設計使賓客享用美食之餘亦能保有私人空間。

內部裝潢與門面從頭翻新，並在當時以台灣尚未普及的「私廚」型態作為主打，Lisa 說道，「尊榮感是我們希望傳遞給顧客的核心理念，我們就是要以管家的態度，秉持桌邊料理的方式服務高端客戶。」在這份堅持下，兩人對於店內的用餐環境更加重視，為顧及消費者的隱私與需求，空間格局也因應調整；在員工訓練方面，更有著屬於她們的一套待客心法，「不走 SOP，要走心。」

　　為追求高標準的食材品質與服務水準，Lisa 與 Stella 規定所有員工都必須要品菜，當每個人都品嘗過料理的口感與香氣並熟悉最終呈現的樣子，如此一來當顧客對料理有疑慮時，同仁便可知道問題出在哪，而後更能專注想辦法解決問題，「降低顧客疑慮並設身處地著想，這就是服務人員該具備的條件。」Stella 發自內心說道，就是這份非制式的服務態度，衍生出屬於大安 9 號鍋物帶給客戶的貼心尊榮感。

掌控海鮮品質，活用 8 ／ 2 法則

　　因餐廳定調為私人會館模式，所面對的客戶群也屬高端人士，Lisa 與 Stella 清楚知道這類型顧客有著敏感的味蕾，必得嚴格控管食材品質才能滿足他們的口慾；再進一步思考料理作法，因為火鍋烹調能保有食材原味與原型，因此讓她們決定以火鍋的形式來呈現。

　　這因素也使得店內所有的海鮮都是堅持使用活體養殖在水族箱裡，一來新鮮度能親眼所及，再來也能確保品嘗到最佳的口感，Stella 說：「一隻龍蝦要價上千元，若烹煮過熟容易造成口感不佳，顧客品嘗後其實是會對店家的印象大打折扣。這也是為什麼堅持使用活體養殖維的另一個原因。」

　　原以為開間店只要把食材品質把關好、服務態度做好，生意就能穩定成長，但事實上她們也曾在經營策略上走錯方向。因開業初期選擇以「活星鰻」作為主打食材，獨特的 Q 彈口感加上稀有性，原先預期會吸引大批饕客嚐鮮，殊不知喜歡吃活星鰻的市場太過小眾，敢嘗試的顧客少之又少，不如預期熱銷，一年後 Lisa 與 Stella 同餐飲路上的貴人聊起這狀況，發現自己雖採用所謂的「8 ／ 2 法則」在經營，以產品總類的 2

成帶來 8 成的利潤，但早先在選擇品項時沒有做市場調查，導致銷售不如預期，故姊妹倆毅然決然在第二年把主打商品換成松葉蟹、藍龍蝦等食材，生意才逐漸好轉並持續攀升。

在龍蝦火鍋成功主打兩年多後，Lisa 與 Stella 認為在料理形式上還能提供其他變化，好替顧客帶來新鮮感，於是鐵板燒料理就此誕生。這麼做的考量在於店內海鮮食材能共用、減少浪費，再者店內主廚為日式料理背景出身，因此在吃火鍋的同時也能搭配其他菜色，如日式天婦羅、炙燒、丼飯等，讓吃火鍋如同懷石料理套餐般，有不同的創新與變化。

私人會館空間的取與捨

大安 9 號鍋物除了料理滿足高端客戶的味蕾，空間上也須符合他們所需。Lisa 談到，最初與設計師溝通時希望整間店都以包廂形式為主，達到顧客最高的隱私性，所以在餐廳 2 樓以私人會館概念規劃，每一間包廂外設置一處輕隔間的用餐環境，大老闆們能放心地在包廂內談事，而隨扈們也有一處空間可留守待命，如此貼心的設計，能體現出大安 9 號鍋物想帶給顧客的尊榮感。延續這份尊榮感，在風格裝潢部分以沉穩調性為主，搭配光線多聚焦在料理檯面，並以精緻的珠寶吊飾點綴空間，讓人們在放鬆的環境下享受餐點。

2 樓火鍋用餐區傢具皆選擇絲絨材質，配合暖色調燈光營造出低調的奢華氛圍。攝影＿Amily

　　另外在菜單設計上也下足了功夫，最初的菜單沒有圖片，顧客很難理解料理菜色甚至特色，光仰賴口述形容外表、口感、份量大小的過程就耗去不少時間，此時 Lisa 與 Stella 才體悟到人性化菜單的重要性，於是決定重新排版設計，至今菜單以硬殼書皮方式呈現，偶爾還會被顧客打趣說猶如精裝書般隆重呢！

轉變與延續，餐飲之路非三年五載見成效

　　即便最初開業時整天只有 1、2 桌顧客，但 Lisa 與 Stella 卻選擇沉住氣，默默地用心經營店鋪口碑，以細水長流的態度把店準備好，靠著不打廣告宣傳，以老客戶光顧後一個帶一個的方式，大安 9 號鍋物逐漸擁有屬於自己的客戶群。

　　談及未來經營方針，Lisa 說到希望未來能將高端精緻料理走向平價化，讓原本不敢來消費的群眾可以藉此機會嚐鮮，日後會規劃推出如限定版 Family Day、假日套餐等優惠，讓更多饕客可以入店品嚐。

　　從創業搖擺的初期到現在的成功與穩定，他們並不吝嗇分享自己所擁有的資源，「一家店宛如一個人，人有不同人格特質，店亦然如此，它是無法拷貝複製的。大家從資源中找到所需，讓每間店有不同的特色，市場也才會有趣。」Lisa 這麼解釋。對於給想創業火鍋店的人，她則建議，「首要仍是要把食材品質把關好，再者則是服務，用自己喜歡的方式對待顧客，自然就能找出獨有的服務之道。」

左__承襲大陸私人會館的空間規劃，火鍋用餐區的半透明花窗簾幕設計，提供高端顧客隱私感與放鬆交談的空間。右__大安9號鍋物裝潢多以大理石材為主，牆面與地面採用不同色系石材搭配，區隔空間屬性。攝影__Amily

大安 9 號鍋物

開店計畫 STEP

2016 5月	2018 5月	2018 9月	▶
正式開幕	鐵板燒料理構思	鐵板燒料理試營運	

品牌經營	
品牌名稱	大安 9 號鍋物
成立年份	2016 年
成立發源地／首間店所在地	台灣台北／台灣台北市大安區
成立資本額	NT.2,500 萬元
年度營收	NT.3,000 萬元
國內／海外家數佔比	台灣 1 家
直營／加盟家數佔比	直營 1 家
加盟條件／限制	不開放加盟
加盟金額	不開放加盟
加盟福利	不開放加盟

店面營運／成本表格	
店鋪面積	120 坪
平均客單價	每鍋約 NT.690 元起
平均日銷鍋數	不提供
平均日銷售額	NT.5 ～ 10 萬元
總投資	NT.2,000 萬元
店租成本	NT.25 萬元
裝修成本	NT.2,000 萬元
進貨成本	NT.100 萬元
人事成本	NT.50 萬元
空間設計	謝宜倩

商品設計	
販售鍋品	日式火鍋、日式鐵板燒
明星商品	日本和牛、法國藍龍蝦

行銷活動	
獨特行銷策略	期間限定假日套餐
異業合作策略	無

文｜王莉姻　資料暨圖片提供｜元鍋

2-1 獨立／連鎖品牌經營模式

元鍋

鍋燙菜香味美，「元」味難以複製
客人像家人，家常菜收服新朋舊友

起心動念開店做生意，打出「元鍋」招牌，最實際的目的，其實只是老店長楊進元想增加收入，讓一家人得以溫飽，生活過得更好。沒想到 20 幾年來，一路從社區裡的小店，輾轉遷移至今由女兒楊于慧管理的第三家店，元鍋也從當時盛行的個人涮涮鍋，到現在不少熟客更愛他們的私房家常菜。

被家人戲稱為元鍋 3.0，並不是有 3 家分店，而是元鍋開店後的第三個點。楊于慧說，喜歡音樂的爸媽原本開了唱片行，愛做吃食的他們迷上當時流行的小火鍋，因此就在台北市吳興街底的社區內，開了第一代的元鍋涮涮鍋。「街坊鄰居就是最大的客源，店裡永遠是熱熱鬧鬧的。」她回憶著。

這家店更是全家人齊心守護的園地，爺爺、奶奶、姑姑、阿姨都是幫手，小時候她甚至還發過傳單。店裡的菜色也不斷摸索調整，做過商業午餐，也賣過生魚片及拉麵，但萬變不離其宗的，都是自己喜歡的才會煮給客人吃。這種合力共同經營的家的氛圍，不是刻意營造，卻無形中自然而然的傳遞給來用餐的客人，與其說他們想吃元鍋的某道料理，其實更像是懷念這種無法言說的用餐心情。

這樣的飲食氛圍，成了元鍋的精神所在，楊于慧說，「讓客人有回家吃飯的感覺，必須花費心力維持，不是任何 SOP 就能達成。」因此，

桌數不多的小店經常高朋滿座，4 人桌擠進6~7人也要品嘗元鍋美食。圖片提供＿元鍋

一代店長楊進元（左1），二代掌櫃楊于慧（右2），
弟弟藝人楊祐寧（右1），感情極好的一家人，一起
打點店裡的生意。圖片提供＿元鍋

Brand Data

1996 年成立的元鍋，過程中歷經 3 次搬
遷以及裝潢改變，早期用家常菜收服新
舊友。目前的店內除了火鍋外，私房菜的
口碑也不相上下。

元鍋經歷3次搬遷、裝潢改變，美好的人情味卻從不變。圖片提供＿元鍋

即使中間歷經 3 次搬遷、裝潢改變，美好的人情味卻從不改變。就像這家店從爸爸傳承到她手中，他們也有不少客人是小時候跟著父母來吃飯，現在是帶著孩子來用餐。

美味關係，一代傳給一代

因為租約到期，第二代的元鍋搬到了莊敬路巷底，楊進元看中附近捷運開通，周邊有許多辦公大樓，極具人潮優勢。新店面有一個大廚房，除了火鍋備餐台及冰箱外，還多了炒菜區，無形中開啟了元鍋 3.0 的轉型。

第三代元鍋則更靠近巷口，當時兩家店同時經營，但楊于慧發現因為人手不足，無法維繫想給客人回家的自在感，忍痛只保留 1 家。元鍋 3.0 店面變小，裝潢及菜色也隨潮流改變，但不變的都是讓客人可以像在

自家一樣輕鬆。滿座雖是 40 人，不過來元鍋的客人，經常寧可將 4 人桌擠上 7 ～ 8 個人，就是要在這裡好好吃飯。點一個火鍋，幾道私房菜，再開瓶酒，彷彿好友在家歡聚，天南地北的聊，毫無拘束。

　　目前的元鍋除了火鍋外，私房菜的口碑也不相上下，楊于慧說，火鍋有淡旺季之分，對經營者來說是必須思考突破的困境，私房菜則像必備的一日三餐，最能隨季節調整，不容易因顧客的喜好而受影響。而令人訝異的是，第一道上桌的拿手私房菜，其實是來自員工餐最家常不過的炒青菜。

元鍋十分重視光線明暗調整，古典吊燈、輕柔爵士，慵懶的用餐氛圍。圖片提供＿元鍋

與客分享，員工餐變私房菜

　　元鍋有一種別家店很難模仿的特色，那就是，客人與老闆更像朋友與家人，因此，當客人看到員工餐後，也要求能嘗嘗家常菜的口味，他們也大方的炒盤青菜分享。原本楊進元只是上市場挑選自家人要吃的食材，遇到熟客要求時，經常是廚房有什麼就做什麼，十分彈性。但漸漸的，有熟客開始點餐，他們就必須考量如何不讓客人吃膩，所以慢慢開發新菜色，現在已經成為另一個招牌。

　　元鍋的私房菜不分菜系，上桌的都是家裡看得到的家常菜，只講究好食材與好味道。楊進元一早上市場挑選當季新鮮食材，因此可以隨著季節變化菜色或是客製化料理。而火鍋使用的肉品及海鮮更是嚴格把關，廠商提供的食材一定經過試吃，牛肉必須是 prime 等級，豬肉則選擇台灣黑毛豬，其中的五花豬甚至連不愛吃豬肉的客人也覺得香甜可口，海鮮也是請信任的商家合作供應，十分打中顧客的味蕾。

大長桌成了大家酒足飯飽續攤的聚點，也是元鍋飲食文化的精髓。圖片提供＿元鍋

客人往往一進門就會被吸睛的主視覺牆吸引，在白天陽光映射下，呈現金屬光澤的低奢感。圖片提供＿元鍋

規劃季節主題菜單，翻新菜式

　　除了食材，服務品質也是餐飲業的重點。口耳相傳下，客人來元鍋用餐都會期待與老闆交流。楊于慧認為，好的服務不能制式化，而是站在客人角度去思考，並且拿捏好適度的距離，不能讓客人覺得干擾。而員工服務要親切有精神，因此，元鍋不採輪班制，所有員工一起週休二日（例休每週日、一），讓大家都能獲得充分休息，生活品質不受影響，雖然人事成本變高，但楊于慧覺得十分值得。

　　不講求翻桌率，用心珍惜每一位客人，連日韓港等國外遊客也為之驚豔。正因為這樣的氛圍難以複製，楊于慧更不打算開分店，而是用更多精力打造元鍋特色。目前計畫是依季節規劃主題性菜單，每季至少提供十道新菜式，經由味道來快速分享，讓新客人不需要花太多時間，就能在點菜上進入狀況。

齊聚大長桌，用美味打造緣分

　　元鍋歷經 3 次搬遷的元鍋，在裝潢上亦做了調整，但均以木質調為主，好營造舒適的用餐情調。第一家用的是較沉重的枕木，色調偏重；第二家少了些粗獷感，但空間極大，跨年時甚至曾擠入近一百人，一起快樂的過節。第三家元鍋則走精緻規劃，其中也加入了弟弟藝人楊祐寧不少想法，屋高挑高極足，沒有壓迫感，溫潤的木空間，舒適的傢具，隔出一間包廂，外面有小庭園，綠意盎然；一進門就能看到一面十分時尚的主視覺牆面，以義大利特殊塗料為底，手工塗刷極具質感，圓弧金屬帶入復古的氛圍，貼附鏡面則有放大空間的效果，彷彿身處歐式餐廳，是客人最愛的打卡端景。半開放式的廚房，方便她與大廚隨時為客人調整菜色；門口增設的立呑桌，讓候位的客人可以先喝杯酒吃點小菜，耐心等待。

　　不過，從二代元鍋開始擺設的大長桌，才是元鍋飲食文化的精髓所在，當夜晚從戶外經過，會發現各桌的客人吃飽後都圍繞著長桌，在溫暖的燈光下，精選的音樂中，即使原本互不熟識也能砍大山。元來緣來，在這裡，大家都是一家人。

元鍋主打清淡健康的湯頭與高品質的肉品，以及極為家常的私房菜，松鼠黃魚經常一上桌就完食。圖片提供＿元鍋

元鍋

開店計畫 STEP

1996 成立第一家店

2006 第二家店搬遷

2018 元鍋 3.0 誕生

品牌經營	
品牌名稱	元鍋
成立年份	1996 年
成立發源地／首間店所在地	台灣台北／台灣台北信義區
成立資本額	不提供
年度營收	不提供
國內／海外家數佔比	台灣 1 家
直營／加盟家數佔比	直營 1 家
加盟條件／限制	無加盟
加盟金額	無加照
加盟福利	無加盟

店面營運／成本表格	
店鋪面積	不提供
平均客單價	每客約 NT.800 元
平均日銷鍋數	不提供
平均日銷售額	不提供
總投資	不提供
店租成本	不提供
裝修成本	不提供
進貨成本	不提供
人事成本	不提供
空間設計	叁一空間設計有限公司

商品設計	
販售鍋品	蔬菜清湯、酸白菜、麻辣
明星商品	不提供

行銷活動	
獨特行銷策略	無
異業合作策略	無

文｜陳頤如　攝影｜江建勳　資料提供｜禾豐日式涮涮鍋

在變中求不變，在不變中求改變
從過往用餐經驗值，催生心目中理想飲食空間

2-1 獨立／連鎖品牌經營模式／

禾豐日式涮涮鍋

「禾豐日式涮涮鍋」位於台北市復興南路巷內，外觀看似高級懷石料理，導致開幕初期附近民眾只敢遠觀，不敢走進去用餐，怕口袋不夠深被剝好幾層皮。不過，清甜湯頭、以低密度養殖的蝦，再加上獨有沾醬，靠著口耳相傳，現已成為名人私下聚會的餐廳。

禾豐日式涮涮鍋負責人張慧毅，原先從事電子業，2004 年為了教養問題，毅然辭去穩定的工作，決定開一間自己天天都想去的店，一方面滿足吃鍋口慾，另一方面也有時間陪伴照顧家人，「我先生很愛吃火鍋，我們也吃過很多間火鍋店，但市面上沒有一間完全符合自身所期，它們總會有讓人失望的地方，於是念頭一轉，就決定自己跳下來開間店……」起初本想純粹經營咖啡廳，但考慮到咖啡的利潤太低，無法支撐龐大開銷，在先生的建議下，採取咖啡複合小火鍋的形式，從此以後，開啟她經營涮涮鍋之路。

有別於一般小火鍋店，店內桌與桌的距離有70公分以上，讓客人彼此間的距離不會太過靠近。攝影＿江建勳

進入店內的左手邊，將看到一大片簽名牆，仔細一看會
發現其中隱藏著許多政商名流、影歌星。攝影＿江建勳

Brand Data

2004 年正式成立，15 年來堅持販售嚴選
食材，讓客人享用最新鮮的山珍海味，用
餐後還能移至咖啡區享用飲料或甜點，以
「一期一會」的態度服務每位前來用餐的
顧客。

開業初期，許多人以為禾豐是高級懷石料理，而不敢進入店內用餐，後來張慧毅決定把菜單移至店門口，附近居民才知道這是間日式涮涮鍋店。攝影＿江建勳

不以賺錢為目的，只希望客人優雅用餐

　　當初憑著一股傻勁，誤打誤撞進入餐飲業，張慧毅挑選店址時完全沒有考慮到周遭便利性與熱鬧與否，起初相中復興南路有上班族外，還有豪宅、國宅……等不同住戶客群，「心想有既定的人流，店設立在這應該可行吧……」沒想到裝修期間，附近住戶偷偷告訴她，她承租的空間，在過去的時間裡，先前的承租店家沒有一間店撐過 6 個月，聽在耳裡，讓約一簽就是 6 年的張慧毅心都涼了。

　　不過，這樣的消息並沒有使張慧毅退縮，反而讓她很想扭轉局勢。於是她從過往用餐經驗思考起，重視餐廳整潔與氛圍的張慧毅，想到若外出用餐發現桌子油膩不已，或者吃飯時與其他客人過於靠近……等，這些其實都會讓自己感到不舒服，而今既然要開一間店，那就不該讓這樣的不適感呈現在店裡。

　　就舒適性而言，張慧毅有自己的一套堅持。起初，設計師建議設置65 個座位，讓坪數發揮最大效益，張慧毅卻堅持只要有 48 個座位。「我希望客人到禾豐吃飯是優雅、舒服的，桌與桌之間的距離一定要夠大，才不會有侷促感。」

　　「這間火鍋店的設計形式，單純是因為自己喜歡簡單乾淨的風格。」張慧毅回憶當年裝修店面的情景，為了安全考量，店面的裝潢建材全是一級防火建材，牆面使用美岩板吸附空氣中的味道，讓客人走出門口不會一身火鍋味。由於禾豐坐落於住宅區，店內與對外牆壁都有做隔音措施，天花板以格柵設計阻隔店內噪音傳導至 2 樓。此外，她想保留 L 型採光，又不希望讓客人吃飯失去隱私，於是選用玻璃磚透光不透影的特性當作牆面，營造出明亮溫暖的氛圍，白天與夜晚的光線透過折射，增加室內空間的層次。

　　另外像是乘坐時的舒適度與方便性，張慧毅也細細思量。像是吧台區設計不像一般火鍋店採用高腳椅，而是使用一般餐椅，並將用餐區抬高兩階，當客人點餐時，可以與服務人員平視，減少壓迫感。將過往經驗轉化到設計上，為的就是提供客人舒適的用餐環境。

若是家庭聚餐擔心位子不足，地下 1 樓還有包廂與多人座位可以選擇，讓客人保有用餐的隱私。攝影＿江建勳

從源頭開始把關，為消費者嚴選食材

　　火鍋要好吃，除了湯底要夠清鮮，食材更是影響湯頭的重要因素。因為處理大型魚類有一定的訣竅，吃起來才不會有腥味，為了讓客人吃到無腥味又彈牙的海鱸魚，張慧毅曾經花了兩年時間在嘉義魚市與當地的魚販交朋友，尋覓能為她在魚貨市場買魚、處理魚，並且冷凍密封宅配到台北的工作夥伴。

　　「有位中醫師還會告訴不能吃海鮮的病患，可以到禾豐來吃蝦，因為禾豐的海鮮很新鮮。」張慧毅有自信地說道。店內選用的魚蝦都是利用自然循環與物種之間相生相剋的生態養殖法所養殖，以肉食性魚類來淘汰因生病而不健康的蝦，才能保證客人吃到最健康的生鮮。

　　洗菜要放水流 15 ～ 20 分鐘，將可能殘留在菜葉上的泥沙洗淨，「我都告訴員工，任何食材要敢入自己的口，才能給客人吃。」張慧毅強調。禾豐對於食材的堅持與要求，讓來吃過的客人成為熟客，藉由口耳相傳的方式，拓展客源。

吧台區設計不像一般火鍋店採用高腳椅，而是使用一般餐椅，並將用餐區抬高兩階，當客人點餐時，可以與服務人員平視，減少壓迫感。
攝影＿江建勳

天花板採用格柵設計阻隔店內噪音傳導至2樓，防止造成其他住戶困擾。攝影＿江建勳

不貿然開放加盟，用獨有心法穩固獨立店

　　談到加盟想法，張慧毅透露許多人有意願加盟禾豐，但都被她一一拒絕，「如果要加盟，前提是對方的理念要與我吻合，最理想的狀態是，未來再延展時是由同仁夥伴來經營，因為他們最知悉我對於店鋪各個環節的要求，如此，才能將禾豐的品牌文化傳承下去。」

　　目前即將成立滿 15 年的禾豐，在空間形象、食材選用都有品牌獨到的堅持，「在變中求不變，在不變中求改變」是張慧毅這十多年來的經營心法，隨著周圍客群來調整店內套餐，但總能以獨有的蘿蔔泥沾醬抓住客人的心，一點一滴慢慢形成如今的禾豐，未來除了將原有的湯頭優化，讓老客戶不斷有新鮮感，還會不定期推出節日優惠，將獲利回饋到消費者身上。

左＿麻油雞鍋是禾豐近期推出的全新鍋物，濃郁的酒香搭配嚴選雞肉，每一口都令人吮指回味。透過優化原本既有的湯頭，牢牢抓住老顧客的心。右＿用餐完的客人，可以選擇在原位或者移至吧台區享用飲料或甜點，轉換心情。攝影＿江建勳

禾豐日式涮涮鍋

開店計畫 STEP

2004

成立禾豐日式涮涮鍋

品牌經營	
品牌名稱	禾豐日式涮涮鍋
成立年份	2004 年
成立發源地／首間店所在地	台灣台北／台灣台北市大安區
成立資本額	NT.30 萬元
年度營收	NT.1,000 萬元
國內／海外家數佔比	台灣 1 家
直營／加盟家數佔比	直營 1 家
加盟條件／限制	無加盟
加盟金額	無加盟
加盟福利	無加盟

店面營運／成本表格	
店鋪面積	65 坪
平均客單價	NT.600 元
平均日銷鍋數	不提供
平均日銷售額	NT.3 萬元
總投資	NT.900 萬元
店租成本	NT.35 萬元（含押金）
裝修成本	設計裝修 NT.700 萬元／設備費用 NT.250 萬元
進貨成本	NT.45 萬元
人事成本	NT.35 萬元
空間設計	無

商品設計	
販售鍋品	個人小火鍋
明星商品	龍膽石斑鍋、海鱸魚鍋、海味 蝦鍋、肉泥海鮮鍋、麻油雞鍋

行銷活動	
獨特行銷策略	不定時推出餐券、每年週年慶折價優惠、特殊節日優惠活動
異業合作策略	無

文｜余佩樺　攝影｜Amily　資料提供｜合‧shabu

挾多年餐飲經驗進軍高端火鍋市場

面對產業不敢大意，戰戰兢兢走穩每一步

2-1 獨立／連鎖品牌經營模式／
合‧shabu

「合‧shabu」鍋物料理是由新天地餐飲集團旗下雅悅會館執行長黃彥中，所創辦的食逸股份有限公司的第一個品牌。縱然集團擁有多年餐飲經驗，但面對火鍋市場，黃彥中仍不敢大意，以蹲馬步方式，戰戰兢兢走每一步。

集團企業走到一定規模，多採取「多品牌策略」發展其他產品線，同時也打開經營版圖；新天地餐飲集團亦是如此，擁 70 多年經營歷程由第一代傳承至第二代，如今到了第三代仍不懈怠，有了新世代的加入，也嘗試跨出新的一步，黃彥中先是推出以婚宴、大型宴會為主力的「雅悅會館」，開拓出不一樣的市場，同時也打開了集團的知名度。

而後他也一直想經營一個可以讓家庭享受團聚的餐飲空間，思來想去，最適合的莫非是火鍋，火鍋在東方傳統概念中，因外型而有「團聚」象徵，且又在因緣際會下認識了擁有 20 年領軍頂級火鍋資歷的師傅，進而在尋找適合店位時，發現與 Bellavita 的經營理念最為契合，於是「合‧shabu」這個品牌就此誕生且落腳。

為了帶給消費都不一樣的空間視野，團隊特別請到大牆演繹設計設計師胡碩峰進行室內的整體規劃。攝影__Amily

食逸股份有限公司執行長黃彥中。
攝影__Amily

Brand Data

「合·shabu」鍋物料理創立於2012年，
是由新天地餐飲集團第三代獨立出來成立
的食逸股份有限公司的全新餐飲品牌。

合・shabu座落於Bellavita裡，自入口處穿過一道長廊才會抵達餐廳內，進入後便能看到大片的玻璃窗以及玻璃屋頂，給消費者一個不受打擾舒適自在的享受空間。攝影＿Amily

從食材、食器到服務，無不細細思量

然而面對競爭的火鍋市場，必須創造差異，才能被消費大眾看見。黃彥中指出，「既然決定進駐 Bellavita，便希望能帶給消費者、市場不一樣的享用火鍋的經驗與印象。」

首先便是在食材上的著墨，結合過往累積的經驗，決定使用高級且新鮮的活海鮮作為主角，雖說過去經驗十足，但在面對火鍋市場黃彥中仍不敢大意，「火鍋烹調其實一點都不簡單，因為它最容易暴露食材品質好壞。」因此，黃彥中與團隊們堅持依循四季找出當季、新鮮的食材，不新鮮的食材絕不送至客人面前。「食材鮮不鮮、品質好不好，丟下去一煮全都清清楚楚，這是完全無法欺瞞的⋯⋯」除了海鮮，就連肉品也是精挑細選，不僅採取少量叫貨維持新鮮品質，更是每次都由經驗老道的師傅親自驗收。

　　除了食材，就連在烹煮器具上黃彥中與團隊也費心思量。最初團隊本想採用一個要價 NT.2 ～ 3 萬元的義大利製銅鍋進行烹煮，但最終在測試時它無法煮出理想的鮮味，仍堅持讓 30 幾個已添購回來的鍋具「納入冷宮」選擇不用；經過多方測試，最後改採取柳宗理的手作鑄鐵鍋，一來傳熱速度快，利於烹煮以及提供良好保溫效能，讓食材在最美味的時刻，送到客人口中，二來也能成為人體所需的鐵元素的輔助補充來源之一。

　　另外，為了讓消費者吃鍋能輕鬆又盡興，店內特別推出桌邊服務，像是協助菜盤下鍋、海鮮去殼、煮粥等服務，完全無需自行料理或擔心煮壞了食材的可能，只要專心地品嘗食物的美味即可。除此之外，為了不打斷客人聊天、享用美食的過程，就連同仁送餐點、上餐點也有經過設計，黃彥中補充，「除了座位區預留寬幅走道，不讓顧客感受壓力，以及利於同仁送上餐點外，椅子三黑一紅的搭配也是巧思之一，紅色作為同仁送餐、擺放帳單的基準點，黑色則可將客人座位集中，彼此不會發生干擾情況，也利於同仁進行各式服務作業。」

空間中擺放了不少名椅，像入口處就擺放了 smoke chair 與 RO chair，藉由椅子的不同輪廓，構築出環境中獨特的端景。攝影＿Amily

透過設計加深鍋物空間的質感與品味

　　合‧shabu 對市場而言是個全新品牌，除了提供好食材與好服務，黃彥中也希望能帶給消費者不同的空間視野。

　　黃彥中進一步表示，「設計簡單卻蘊含內斂，如同火鍋一般，烹調方式簡單便能引出食物原味、鮮味與甜味。」因此，特別請到大牆演繹設計設計師胡碩峰進行規劃，不造作的設計，藉由他所擅於的光與影表現，讓消費者在用餐之餘，還能享受光影交錯的美好氣氛。

　　最著名的就是在用餐區的挑高屋頂，特別使用原有的玻璃建材，獨特且巧妙地利用遮光板，讓室內的光線隨日光折射灑入，替座席間製造出錯落光影，虛實線條帶給環境不同的感受，也讓用餐更有一番風味。特殊的鏤空設計，無論白天還是夜晚造訪，各有其獨特的空間韻味。

　　另外，為了增添空間品味，店內所選用的道具、傢具也別具巧思。除了選用柳宗理手作鐵鍋作為鍋具外，冷水壺也使用源於北歐 Stelton 的啄木鳥瓶，以設計加溫用餐片刻的美好；另外，消費者所乘座的餐桌椅也特別使用丹麥品牌 Carl Hansen & Son 的 Wishbone Chair，此外也在空間裡擺放了各式名椅，如入口處的 smoke chair 與 RO Chair，可以看到，黃彥中與團隊們試圖藉由設計的引領，從視覺到觸覺，改變消費者對享用鍋物的體驗。

合‧shabu店內也提供不同的包廂空間，讓消費者能在專屬環境下無拘無束地品嚐鍋物美食。攝影＿Amily

屋頂採取鏤空設計，所創造出的光與影，讓消費者在用餐之餘，還能享受光影交錯的美好氣氛。攝影＿Amily

從顧客角度出發，持續找到可進步的空間

過程中，可以感受到這些年來黃彥中與團隊的戰戰兢兢，如此謹慎並非無原由，黃彥中坦言，「對於餐飲業我們握有豐富資源與經驗，但面對火鍋市場，對當時的我們而言仍是個新兵，既然是新手，自然沒有不謹慎以對的理由。」「光是要不要幫顧客加湯這個服務動作，就揣摩、訓練了很久，在加湯與不加湯之間有著許多『眉角』，每一次的經驗就如同鐘擺一般，有時往左擺盪多一點，有時往右擺盪多一些，一點一點慢慢地到達正中間的位置。這絕不是靠著 SOP、流程就可以快速達成的……」他補充著。

的確，品牌成立至今約 7 年，到現在黃彥中與團隊認為還有進步的空間，仍還在找問題、找可以改善的地方，他解釋，「投入後就會發現，真的還有很多可以改善的空間，舉凡服務、食材、擺盤……等，都還可以再做得更好。」

談及合・shabu 的下一步？黃彥中說，「這 7 年來如同蹲馬步般的經營，對自己與團隊來說是相當重要的，不斷去做調整與新嘗試，也將服務等方面都做到位，若有機會當然不排斥籌劃開設第二家分店，讓我們還能更進步也有機會更擴展。」

座位區內預留足夠的走道，無論顧客還是服務人員，彼此都能自在地移動其中不受干擾；座位席間也配有置物空間與手機充電插座，便於顧客使用。攝影__Amily

合・shabu
開店計畫 STEP

2012　━━━━━━━━━━━━━━━━━━━━━━━━━━━━━━▶

成立合・shabu

品牌經營	
品牌名稱	合・shabu
成立年份	2012 年
成立發源地／首間店所在地	台灣台北／台灣台北信義區
成立資本額	不提供
年度營收	不提供
國內／海外家數佔比	台灣 1 家
直營／加盟家數佔比	直營 1 家
加盟條件／限制	無開放加盟
加盟金額	無開放加盟
加盟福利	無開放加盟

店面營運／成本表格	
店鋪面積	室內 140 坪
平均客單價	不提供
平均日銷鍋數	不提供
平均日銷售額	不提供
總投資	不提供
店租成本	不提供
裝修成本	不提供
進貨成本	不提供
人事成本	不提供
空間設計	大牆演繹設計／胡碩峰

商品設計	
販售鍋品	洽店家
明星商品	御品海鮮套餐、頂級牛小排套餐、客製化套餐

行銷活動	
獨特行銷策略	主力於網路行銷操作進行品牌推廣、現場活動、會員經營……等，特別著重口碑行銷，名人網紅推薦。
異業合作策略	無

文｜李與真　資料暨圖片提供｜初衷小鹿原味鍋物、成舍室內設計

真心打造最獨特的店，新鮮蔬食煮出原汁原味
天然鍋物裡找回最初的自己，吃進幸福與美好

2-1 獨立／連鎖品牌經營模式
初衷小鹿原味鍋物

2015 年成立的「初衷小鹿原味鍋物」是由 7 年級生廖龍運所創辦，在沒有財團背景的支撐下，廖龍運憑藉對料理的理念與初心，以及結合自己在義法料理上的熟稔經驗，反倒在火鍋市場中，創造了以往所未見的商品差異化，間接塑造店家的獨特定位。

店址位於台北市松菸旁的小巷弄中，一眼望向店門口與招牌，會發現不同於印象中的火鍋店家，在溫暖木質調的色系中散發出低調的極簡工業風，而走進店內，整體裝潢是以灰黑藍的深淺混搭系為主軸，入口處的長型吧台除了將外場與內場廚房區隔開來，空間中也處處可見俐落有型的線條，一來順勢延展了店內的視覺氛圍、二來也形塑出高雅質感的氛圍。對廖龍運來說，無論是料理食材或者是空間的氛圍營造，他所想展現出來的就是「簡單、獨一無二」，也呼應一開始他的創業理念：「在天然鍋物裡找回最初的自己。」

18 歲時的廖龍運就埋下了創業的種子，也因為家人是從事餐飲業，在耳濡目染之下，他說道，「從以前就也不怕拿菜刀，對調味料好像天生就有一種悟性，喜歡研究與了解那些未知的食材，而組織能力與想像力就會在腦袋裡跑出來，進一步嘗試將不同食材做結合。」問到為什麼

店內選用實木桌子，能感受到真實溫潤的用餐氛圍，進口磁磚牆形塑水泥牆印象，
而沙發的顏色亦搭配整體空間設計。圖片提供__成舍室內設計

美味關係系列套餐（上蓋肉），餐點搭配法式料理如
鴨肝、海膽、鮭魚卵等，成為店內的招牌特色。圖片提
供__初衷小鹿原味鍋物

Brand Data

品牌自創立以來便對食材有所堅持，強調
新鮮蔬果熬煮湯頭，肉品提供亦多元講究，
希望讓消費者吃到具有品質的好食材。

全店線條使用豐富，從外到內一氣呵成。圖片提供＿成舍室內設計

會想要選擇火鍋作為創業的前哨戰？廖龍運說道，原本所學是義法料理，但觀察到台灣市場對於這塊其實相對飽和，而對吃義法料理的經驗和普遍觀念就是貴與吃不飽，且這樣的市場對初創業的自己來說，風險也高；念頭一轉，他就想，「既然我也愛吃火鍋，何不來開第一家結合義法料理的火鍋店！」也因此創造出在火鍋市場上的自我風格。

　　店名的由來，則要回溯至廖龍運年輕時的台灣環島經驗，他當時曾因為對人生的茫然而在台灣環島 2 ～ 3 個月，途中要從花蓮騎到台東，可是在智慧型手機尚不普及的年代，他竟騎到深夜找不到住宿處，廖龍運笑著說，「當時抵達台東眼前所看到的場景就是一片荒蕪，但幸運的是遇到一對熱情的原住民夫妻收留他作客，」也因此造訪了台東的初鹿牧場，在環島旅行中感受到東部純真再對比西部的繁榮，他認為人生追求的事情很單純——就是「快樂」，而鹿本身象徵著純潔與幸福，也回應了初衷兩字。

穩紮穩打對鍋物食材的堅持，成為招牌特色

　　在開店的前期過程中，遭遇過半年沒生意的壓力，一開始消費者覺得湯頭喝起來沒有味道，但對廖龍運而言，初衷小鹿原味鍋物就是主打使用天然原味的新鮮食材，並採健康調味，藉由與菜盤一同熬煮的湯頭，會漸漸將其清淡香甜的滋味襯托出來。所以開業過程中，一方面與消費者進行溝通、另一方面也透過消費者的回饋來作為改進方向、以及用料的比重拿捏。在穩紮穩打之下，逐步讓到訪用餐的顧客接受最天然鮮明的原味湯頭。

　　另外餐點會佐法式料理如松露、鮭魚卵、海膽、鴨肝、魚子醬等，讓吃法上更顯多元有層次，且提升口感亦成為鍋物的特色，而店裡可看見一處酒櫃，擺放著精選的酒款，讓吃火鍋也能成為很高雅的事情。廖龍運談到，自己堅持提供好品質，雖然成本會提高，但卻能讓到內用餐的消費者都能享用到真正好品質的食材。「當餐廳為了想增加營收，而進低成本的食材，那品質一定有所落差，對消費者的健康也有傷害，這是我所不能妥協的事情。」廖龍運進一步補充著。

溫暖木質調中散發出低調的極簡工業風，打造異國料理的火鍋意象。圖片提供＿成舍室內設計

左__大片落地窗景緻，讓視覺感的延伸放大，使店內用餐舒服而不感壓迫。右上__店內選用實木桌子，能感受到真實溫潤的用餐氛圍，進口磁磚牆形塑水泥牆印象，而沙發的顏色亦搭配整體空間設計。右下__以灰黑藍的深淺混搭系為色系主軸，入口處的長型吧台將外場與內場廚房隔開來，讓活動動線流暢，選用喜的精品燈飾讓燈照質感貫串全店。圖片提供__成舍室內設計

將心比心，落實對員工的適性成長與服務的熱情

　　而在營運的人事管理與服務品質上，廖龍運認為這是相輔相成的，讓消費者滿意又感動的服務往往是促成回購的關鍵，他分享說明，世代的差異性，已不再如從前教條般式且強硬的命令，他所觀察到的年輕世代更需要能發揮自我個性和想法的工作場域，並且將心比心的尊重與包容。唯有要先讓員工感到快樂與擁有放鬆的情緒，也才能服務好店內的消費者。當消費者感受到服務的熱情，有了認同感，自然而然空間就舒服了，進而創造出忠實消費者的回流。

　　談及店裡未來長期的經營方針，廖龍運說道，初衷小鹿原味鍋物與一般連鎖火鍋店不同的原因，是在於心態上，對他而言，投資的裝潢成本就是以居家風格來做設計，從選用的實木材質、店內陳設裝飾甚至到食材的擺盤設計，「專注於經營一家店時，心態就是把真心想呈現的獨一無二全部展現，而非複製品。」即便未來有其他的開店計畫，也會朝不同的料理特性去做開發。

初衷小鹿原味鍋物以居家
風格來做設計。圖片提供＿
成舍室內設計

初衷小鹿原味鍋物

開店計畫 STEP

2014 12月	2015 4月	2015 12月	2016 9月	2016 12月
開始籌備	進行裝潢	正式開幕	進入火鍋旺季加強銷售	獲利開始逐漸累積

2017 3月	2018 7月	2019 1月
獲利正式打平	換裝整修	遷新址營運

品牌經營	
品牌名稱	初衷小鹿原味鍋物
成立年份	2015 年
成立發源地／首間店所在地	台灣台北／台灣台北市信義區
成立資本額	不提供
年度營收	不提供
國內／海外家數佔比	台灣 1 家
直營／加盟家數佔比	直營 1 家
加盟條件／限制	尚無開放加盟
加盟金額	尚無開放加盟
加盟福利	尚無開放加盟

店面營運／成本表格	
店鋪面積	約 55 坪
平均客單價	每鍋約 NT.700 元
平均日銷鍋數	不提供
平均日銷售額	不提供
總投資	約 NT.600 萬元
店租成本	NT.10 ～ 15 萬元（含 2 個月押金）
裝修成本	設計裝修 NT.400 萬元
進貨成本	不提供
人事成本	NT.30 萬元
空間設計	成舍室內設計

商品設計	
販售鍋品	美國牛套餐鍋、豬肉鍋套餐、天然蔬食鍋
明星商品	美味關係系列套餐、美國牛套餐鍋（上蓋肉、牛小排）

行銷活動	
獨特行銷策略	依季節活動推出優惠方案
異業合作策略	口碑行銷

以高檔海鮮為號召，緊緊抓住老饕的胃

融合日式優雅與工業風的獨特用餐氛圍

文｜楊惠敏　攝影｜江建勳　資料提供｜鮨一の鍋

2-1獨立／連鎖品牌經營模式

鮨一の鍋

「鮨一の鍋」主廚王聖翔用新鮮活體的龍蝦、鮑魚、干貝、野生海魚等等食材，加上高等級的牛肉與豬肉，與溫馨中又帶有獨特時尚工業風的裝潢佈置，讓視覺與味覺體驗多層次的頂級享受，在台北市眾多的火鍋品牌中闖出一片天。

如果只是光從外觀來看鮨一の鍋，根本很難聯想到這是一家日式涮涮鍋店。鐵皮浪板反面漆白製作橫式招牌，兩側的外牆與柱體雖然是用溫馨的木板拼接而成，卻漆上斑駁又冷調的深藍色，加上柱子上圓形黑底橘字的時尚小招牌，會讓人誤以為這是一家時尚酒吧。

低調優雅又獨特的用餐空間

推開以長方形大塊原木製成的把手，映入眼簾的是融合工業風又帶有日式原木溫馨氛圍的時尚空間。右手邊是原木接拼木板牆面，左手邊則是以紅磚打造的磚牆充滿懷舊又質樸的感覺，地板是水泥打造的弧形紋路地板漆上耐磨亮光漆，天花板則是灰色的油漆搭配黑色裸露的管線。不用大燈，用黑色的投射燈打亮牆面與原木桌面，再加上使用日本黑色鑄鐵鍋，黑色電磁爐與黑色鐵件桌腳，給人低調又神秘的獨特觀感。

放在餐廳中段的魚缸像一顆藍寶石散發著藍綠色神秘光芒，成為這獨特空間的巨星，讓人們的目光很容易就被它吸引，而裡面活力十足的龍蝦、鮑魚與螃蟹等海鮮更說明了這家餐廳的特色。

餐廳後段有3張桌子與10人座的吧台，藍色牆面給人置身大海的感受，左邊水泥牆面上特製木板拼接條紋再漆上白色油漆，中間搭配以黑色H鋼打造的置物架，讓放在置物架上的各式酒品成為空間中閃亮的主角。攝影＿江建勳

用豬大骨與新鮮蔬菜熬煮8小時的清甜湯頭，搭配滿滿的新鮮海味與高等級的兩種牛肉，佐以主廚特調的兩種醬料，讓味蕾一次大滿足。攝影＿江建勳

Brand Data

以高檔海鮮為號召緊抓消費者的胃，為突顯店內新鮮活體海鮮特色，特別在店內設有魚缸，不僅成為亮點，帶給滿足客人視覺與味蕾的雙重享受。

再往裡面走，右手邊是以原木與黑色 H 鋼打造的個人鍋吧台，左邊則是兩張 4 人桌與 1 張雙人桌。投射燈打在右邊深藍色紋路牆面上，讓人有置身深海的感覺。左邊水泥牆面上特別做出木板拼接條紋的質感再漆上白色油漆，中間還搭配以黑色 H 鋼打造的置物架，讓放在置物架上的各式酒品成為空間中閃亮的主角。而打造這個獨特空間的是隱身在吧台後方，俐落地剖開新鮮龍蝦的王聖翔。

用高級壽司店嚴謹的態度來投入火鍋市場

外型斯文靦腆的王聖翔，雖然年輕但工作能力深受台北知名日式無菜單高級名店「鮨一 Sushi ichi」老闆鍾鎮宇的信任，於是在 2016 年想拓展事業版圖時，欽點由他來負責新店開發的計畫。由於在進入「鮨一 Sushi ichi」工作前，他曾有 4 年在火鍋店工作資歷，因此這家新的店他選擇投入之前所熟悉的日式涮涮鍋市場。

不過，要找到一個理想的地點開店並不是一件容易的事，王聖翔前後花了一年多的時間才找到這間位於台北市敦化南路與復興南路夾道的東豐街店面。當時這裡原本也是一家火鍋店，剛好要頂讓出去，王聖翔覺得這裡地點不錯，店內原本工業風的裝潢很特別，而且天花板夠高，可以讓煮火鍋的熱氣容易散去，不會有空氣停滯導致氣味不好的困擾，因此決定頂下這個店面來一展身手。

頂級食材滿足老饕的嘴

但是，火鍋市場在台灣餐飲業競爭相當激烈，根據《2018 年連鎖年鑑》統計資料顯示，台灣連鎖餐廳中以火鍋店佔比最高，高達 839 家，這還不包括非連鎖的獨立特色店家。要如何在這個競爭激烈的市場中出奇致勝呢？王聖翔決定用精心挑選的高級食材與獨特又優雅的用餐空間來主攻高價位火鍋的市場。

為了挑選最新鮮的高級食材，他每週 3 次親自到北台灣最大的魚貨市場基隆崁仔頂漁市挑選漁貨，所以在這家店吃到的漁貨都是當季野生的高級美味：點餐後才新鮮現剖的龍蝦與北海岸的鮮鮑魚，每一口都是

顛覆傳統的獨特外觀與招牌，述說著這是一家有別於一般人認知的日式涮涮鍋餐廳。攝影＿江建勳

鮮嫩彈牙。個頭碩大的北海道生食級干貝、牛奶貝與野生海蛤，給味蕾帶來與眾不同的驚奇滋味。而海鮮盤裡搭配的 3 種魚片也不簡單，都是當季野生的海魚，而且都是可以當生魚片用的高級魚種，Q 彈又鮮甜的口感，讓很多客人一吃成主顧。

雖然這家店的主角是海鮮，但搭配的肉品絲毫不馬虎。牛肉用的是 A5 等級的紐約客與美國 Prime 級的牛小排，油花分布均勻細緻，口感軟嫩香甜。豬肉則是選用伊比利梅花豬、台灣黑毛松阪豬，讓客人吃到軟嫩與甜脆兩種不同口感。而菜盤上的每樣食材也都是細挑細選的頂級食材，另外他還聘請了一位專門做日式熟食的師傅，為客人不定期推出各種精緻又獨特的「酒餚料理」當作前菜。

新舊裝潢巧妙融合

在用餐空間方面，有感於原先工業風的裝潢實在太冷調，王聖翔特別在改造時加入許多原木元素，讓空間符合日式涮涮鍋的溫馨質感，因此餐桌特別選擇原木拼接的桌面搭配黑色鐵件桌腳，在時尚中不失溫馨。椅子則是選用木椅配上布面質感皮坐墊，不但看起來有質感而且也好清理，不易髒污。

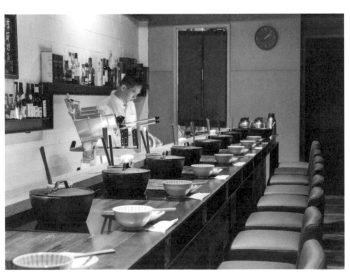

左上＿為了讓客人有舒適寬敞的用餐環境，餐廳前段只有少少的3桌。放在餐廳中段的魚缸像一顆藍寶石散發著藍綠色神秘光芒，成為這獨特低調又優雅空間的巨星。左下、右＿以原木與黑色鐵件打造的吧台，配上高質感深灰色布面皮革高腳椅，低調中帶著優雅與溫馨。攝影＿江建勳

為了彰顯店內新鮮活體海鮮的特色，王聖翔請設計師將原本火鍋店內的 L 型鐵件吧台切開，短邊移到大門入口處，加裝下方木紋置物櫃。在原本的位置加裝魚缸，將店內販售的新鮮龍蝦與鮑魚放置於缸內，讓魚缸成為店內最閃亮的焦點，帶給客人視覺與味蕾的雙重滿足。另外，在吧台上加裝木層板，將客人點選的食材都放在木層板上，猶如一個展示架，讓食材在燈光的照射下看起來更美味可口。

在服務方面，王聖翔嚴格要求服務人員必須穿戴乾淨整齊，熟記店內各種食材的知識，在為客人上菜時必須以親切又清晰的方式詳細介紹每道料理的特色和烹煮的方式。在客人用餐時勤於加茶與撈泡渣、關心客人用餐的感覺。客人吃完海鮮及肉品後，還要為表演雜炊煮粥秀，將湯頭的精華全部濃縮在粥裡，帶給客人視覺與味覺的雙重享受。

為了打響名號，在開店初期王聖翔曾廣邀部落客來店用餐，創造不小的網路聲量。每個月也會推出不同的行銷活動來吸客。不過為了站穩高價位火鍋市場，他目前並不打算展新店或開放加盟，希望專心致力於打造更優質的用餐環境與創作獨特菜色，將這家店打造成如本店「鮨一 Sushi ichi」般，讓人口耳相傳的傳奇名店。

左＿刻意裸露作舊的紅磚牆面加上質樸的水泥地板，黑色外型的投射燈打亮牆面與木紋桌面，突顯餐廳的獨特風格。中＿吧台上特別加裝木層板，將客人點選的食材都放在木層板上猶如一個展示架，讓食材在燈光的照射下看起來更美味可口。右＿店內選用日式鑄鐵鍋與和風優雅陶器，營造溫馨又高雅的用餐感受。攝影＿江建勳

鮨一の鍋

開店計畫 STEP

2016 3月	**2017** 8月	**2017** 10月	**2017** 11月
開始籌備	進行裝潢	正式開幕	進入火鍋旺季加強銷售

2018 1月	**2018** 5月
獲利開始逐漸累積	獲利正式打平

品牌經營	
品牌名稱	鮨一の鍋
成立年份	2017 年 10 月
成立發源地／首間店所在地	台灣台北／台灣台北市大安區
成立資本額	約 NT.300 萬元
年度營收	不提供
國內／海外家數佔比	台灣 1 家
直營／加盟家數佔比	直營 1 家
加盟條件／限制	目前不開放加盟
加盟金額	目前不開放加盟
加盟福利	目前不開放加盟

店面營運／成本表格	
店鋪面積	20 多坪
平均客單價	每鍋約 NT.1,000 元
平均日銷鍋數	不提供
平均日銷售額	約 NT.2 萬元
總投資	約 NT.300 萬元
店租成本	NT.7 萬元
裝修成本	設計裝修 NT.50 萬元
進貨成本	每日 NT.1 萬元
人事成本	NT.18 萬元
空間設計	太硯室內設計公司

商品設計	
販售鍋品	龍蝦海鮮火鍋、海鮮牛肉火鍋、海鮮豬肉火鍋、商業午餐定食、商業午餐火鍋
明星商品	海鮮牛肉火鍋

行銷活動	
獨特行銷策略	每月推出不同的行銷優惠
異業合作策略	細節電洽店家

文｜施文珍　資料暨圖片提供｜石研室・石頭火鍋

2-1 獨立／連鎖品牌經營模式

石研室・石頭火鍋

由新宇餐飲集團一手催生的「石研室」，品牌名稱來自於「實驗室」的諧音，除了強調石頭火鍋，也不難從中解讀出該品牌以不斷實驗、創新的方式，提供不同的火鍋體驗進而滿足消費市場的企圖心，事實上 2016 年 4 月創立的石研室，至今已歷經了多次調整，每一次都帶給大家不同驚喜，也創造更多契機。

大膽嘗試、不斷創新讓品牌熱度持續滾動

以精益求精的實驗精神刷新火鍋標準

「早在開幕的一年前甚至更早，團隊就觀察到火鍋市場的缺口，計畫創造一個全新的火鍋連鎖品牌！」新宇餐飲集團副執行長暨石研室總經理 Brian 表示，原本自己是從燒烤餐飲店起家，4 年前觀察到台灣火鍋業雖然競爭激烈，但傳統「先在鍋中把料炒香，再熬湯」的吃法，似乎只有幾間大型石頭火鍋店才有，中南部更多半只有街邊騎樓小店以家庭式經營，衛生品質堪憂，且動輒一桌就要 8 ～ 10 人。「每次都會被店裡傳來的香氣吸引，但臨時哪能揪到這麼多人一起吃呢？」於是起心動念有了開店的想法，企圖把傳統好味道移植到個人化的涮涮鍋模式，憑藉著自己擁有的餐飲背景和經驗，與團隊籌劃了近半年，在 2016 年推出了「石研室」石頭火鍋品牌。

Brand Data

2016 年正式成立，揉合傳統與時尚，開創石頭火鍋新風味。從油蔥酥雞腿排鍋到伊比利豬肋條鍋，以「職人般對於品質的堅持」為職志，力求無窮變化，提供消費者無限的火鍋驚喜。

上__在空間設計方面做到一次次的革新，為的就是時時提供消費者耳目一新的形象。左__新宇餐飲集團副執行長暨石研室總經理Brian。中、右__將傳統火鍋與品牌餐廳結合，創造更具時尚的餐飲體驗，在湯頭、食材、飲品的選擇，處處可見其用心經營的精神。圖片提供__石研室，石頭火鍋

市場區隔、流程優化管理是兩大艱難挑戰

　　「最困難的，是在競爭激烈的市場中找出市場區隔！」Brian 坦承，從一開始有火鍋的構想，到後面實體品牌店面的完成，最困難的還是在於前頭品牌定位的思考，放眼台灣各種涮涮鍋、麻辣鍋市場幾乎飽和，同業競爭更是已經到了一個如同軍備競賽的程度，這情況不論是對於商家造成的成本壓力，或是對消費者而言水漲船高的價格都不是好事。「與其如此，我們更專注於鑽研品牌本質，將石頭火鍋做到更深更精，並思考更多跨界創新的可能性。」Brian 如此說明。

　　除了品牌定位，困難的還在後頭，「從單一店面到創立品牌，再到加盟管理並維持一致性，這中間的困難與挑戰超乎原本的預期！」經營團隊花了非常大的力氣優化流程，包含 SOP、中央廚房，以及製作等，不同於一般涮涮鍋把食材丟下去煮就算完成的程序，石頭火鍋從前頭的鍋具開始就要嚴選，肉品該怎麼炒、怎麼調味、該怎麼設計菜色與搭配的飲料，都需要細細琢磨。品牌從一開始就規劃朝著加盟連鎖體系的方式經營，因此前端生產力絲毫不可輕忽，實際操作設計則需要盡可能的簡潔防呆，才能避免各家分店出現參差不齊的服務水平。

左、中＿以具象化的陳設讓品牌「石研室（實驗室）」更深入顧客印象，從實驗室裡及取元素作為變化的靈感。為了避免給人過於剛硬、難以親近的感覺，店裡大量以白色、原木色裝潢，柔和整體的調性及氛圍。右＿觀察到百貨公司消費者平日多為上班族，用餐講求輕鬆便利，石研室也發展出餐更快，但同等美味的輕石研系列鍋物選擇。圖片提供＿石研室・石頭火鍋

「石研鍋搭配的紅茶豆漿就是最有趣的例子！」Brian 透露，紅茶豆漿是自己的點子，當初品牌定調為傳統古早味，不想提供常見的汽水機，而有了紅茶豆漿這個 IDEA。為了確保原物料的品質與製作水平，兩者都經過團隊不斷試喝研發、調整比例，豆漿更採單一農場專製專送的模式，讓原料新鮮直送，石研鍋也建議大家可以混搭紅茶與豆漿，創造出屬於自己完美比例的紅茶豆漿。

從選點開始步步為贏的經營策略

至於營運端，「首要之務一定是在於地點的評估！」Brian 認為，先有人潮才會有錢潮，選點之外也會逐步強化在地經營（消費市場鎖定在 60％ 在地客、40％ 外來客的比例），而地租成本較高的百貨駐點也會針對商圈級數、營業額與坪效等關鍵數據進行詳細評估。

Brian 不諱言，「石研室發展至今，也總共經歷了 3 次大規模的調整。」餐點與點餐本的設計也會在每季、每半年推出新版本；空間設計方面也一次次的革新，為的就是時時提供消費者耳目一新的形象。目前石研室除了派遣督導固定至分店訪察，了解各點的經營情況外，直營店

下、右下＿打破傳統石頭火鍋店單人U型吧台擁擠的環境，店內採用寬敞的4人、6人桌，配上店內輕工業、帶點質感文青的風格，讓吃火鍋變成一種優雅而舒適的活動。圖片提供＿石研室・石頭火鍋

每週、每月也都有固定會議，與各分店更會定期以視訊會議的方式，聽取各方意見，持續觀察各地消費者不同的口味偏好，作為新品研發的根據。

以不斷革新延緩品牌老化速度

石研室行銷設計部經理林中豪進一步表示，石研室的名字以石字帶出石頭鍋定位，並取自「實驗室」的諧音，想表達的就是一種不斷實驗、精益求精的精神，並創造貼合大眾需要、清新、療癒的品牌形象。店內空間設計則因地制宜，雖然並未委託固定的裝潢團隊，但會根據每個地點、屋型做不同的調整，相同的則是明亮、舒適的大原則，清水模、白橡木皮、白磚、照明都是其中關鍵，並藉著把實驗室的燒杯、量尺、化學式等圖象元素放進裝潢、網路及點餐本中，從視覺上強化品牌形象。每次的革新都會從直營店開始做示範，再逐步導入加盟店，能與時俱進提升品質，維持熟客黏著度保持品牌的活化，是石研室一直追求的品牌價值。

　　石研室目前全台共有 10 間分店，第 11 間南港中信店也已開幕，2019 年度預計還會新增 3 間店，以「3 年內開展至 30 間店」為目標，持續洽談各種海外代理或展店的機會。推動石研室營運的新宇餐飲集團，2019 年度會在台灣再成立 2 ～ 3 個餐飲品牌，全品牌合計將新增 8 ～ 10 間店。並以餐飲顧問角色，輔助泰國代理在當地成立新品牌，首店已在上月開幕。此外，新宇餐飲集團的經營經驗也預備在大陸、香港、越南、印尼、菲律賓等國發光發熱，積極接洽現有品牌之海外代理，或輔助成立在地新品牌。

　　不同於大型餐飲品牌以驚人資金撲天蓋地式的擴店，石研室一點一滴累積著每個經驗，步步有計畫的布局前進，中間的苦樂酸甜都是整個團隊進步的動力，也一次次的繳出令人驚喜的成績單。

為了讓客人在等候時可以較為舒適，並且不影響進場客人的動線，石研室在店鋪規劃時均會盡量安排候位區，甚至會規劃在室內；但因為每間店場地的條件不同，在等候區的規劃上會因地制宜調整。圖片提供＿石研室‧石頭火鍋

石研室・石頭火鍋
開店計畫 STEP

2015 12 月	**2016** 3 月	**2016** 5 月	**2016** 9 月	**2016** 10 月	▶
首次面談	加盟確認	商圈評估	正式簽約→施工與教育訓練	盛大開幕	

品牌經營	
品牌名稱	石研室 ・ 石頭火鍋
成立年份	2016 年
成立發源地／首間店所在地	台灣台中／台灣台中
成立資本額	不提供
年度營收	2019 年營收額預計突破 NT.2 億元
國內／海外家數佔比	北部 5 家、中部 4 家、南部 2 家
直營／加盟家數佔比	直營 5 家、加盟 6 家
加盟條件／限制	1. 年滿 25 ~ 45 歲，需能全職參與經營營運。 2. 對火鍋及餐飲業有高度興趣，能認同石研室經營理念。 3. 樂觀積極、具服務熱忱及自信心。 4. 願意接受總部完整教育訓練。 5. 創業資令充足，良好的品德及信用記錄。
加盟金額	NT.50 萬元
加盟福利	加盟金優惠、營業成本低、產品創新優勢、集團總部技術支援、品牌行銷力

店面營運／成本表格	
店鋪面積	經總部評估認可之 30 坪以上自租或自用店面
平均客單價	NT.300 ~ 380 元／人
平均日銷鍋數	不提供
平均日銷售額	不提供
總投資	約 NT.400 ~ 500 萬元
店租成本	建議預估營業額佔比 10%以內，但需經總部依現場實地評估修正。
裝修成本	不提供
進貨成本	不提供
人事成本	不提供
空間設計	無

商品設計	
販售鍋品	涮涮鍋、石頭火鍋
明星商品	油蔥酥雞腿排鍋、蒜香黃金蝦鍋家

行銷活動	
獨特行銷策略	無
異業合作策略	無

文｜李與真　攝影｜Amily　資料暨圖片提供｜肉老大頂級肉品涮涮鍋

2-1 獨立／連鎖品牌經營模式

肉老大頂級肉品涮涮鍋

自 2017 年成立首家「肉老大頂級肉品涮涮鍋」至今，創辦人兼主廚梁培松（阿松師）從湯底、肉品至海鮮，透過科技化的產品研發流程，並以創意火鍋作為餐飲定位，在短短兩年時間，即擁有 4 家直營店面且都深受消費者的高度好評。

以款待朋友的心為出發，用料十足又大方
對準市場需求，讓鮮美食材融入創意哲學

梁培松 16 歲即踏進料理界，至今超過 30 年，從未忘記師父交待：「做吃的是良心事業！」所以一路走來戰戰兢兢，不敢或忘。多年努力鑽研料理技巧，讓他在許多美食競賽中展露頭角。在 2014 年台灣的食安風爆中，激發梁培松想開設一家讓消費者吃得放心、且吃開心的店，經過 3 年的蘊釀以及縝密的產品研發流程，店內的明星招牌如豪華龍宮宴、炙燒松阪豬套餐、果凍鴨血麻辣鍋⋯⋯等產品都成就了品牌實力，且提供優質的原塊肉品，份量十足，讓消費者來都能有滿足的感覺，也呼應了品牌名稱──「肉老大頂級肉品涮涮鍋」（以下簡稱肉老大）。

　　火鍋市場的競爭中，品牌訴求為「創意火鍋」的肉老大，在創造出市場差異性的同時，又是如何讓店家做到獨特與難以複製？行銷經理梁志隆表示，一同參與店面籌備的團隊，在餐飲業界大都已擁有 20 多年的實戰服務經驗，所以在產品研發反而是最著力的點，在一般人印象裡，或許餐飲作業流程都是較為鬆散、且缺少精準的開發方向，而進入火鍋料理的門檻又比其他如中餐或西餐來得低，所以最競爭的反倒是肉片食材與湯頭的差異化，因此肉老大在初期就將科技業的產品開發流程導入餐點研發，制訂嚴謹的 SOP 流程。梁志隆補充，「以果凍鴨血為例，從

店裝以黑、淺棕為統一基調，形塑店內的溫暖特性，而材質選用以皮質為主、且沒有桌布方便清潔維護。攝影＿Amily

肉老大頂級肉品涮涮鍋創辦人梁培松（左）、肉老大頂級肉品涮涮鍋行銷經理梁志隆（右）攝影＿Amily

Brand Data

2017 年正式成立，品牌自創立以來便在食材使用上嚴格把關，以尊重客戶、舒服環境、鮮活食材、專業客服等為 4 大理念，讓不管是家庭聚餐、同事聚會、朋友聯誼，都能享受用餐樂趣。

鴨血的配方、煮法、烹煮時間甚至到麻辣醬,都有系統性的市場調查,並用魚骨圖的分析方式來進行產品的規劃,往往都是做了將近 100 組的實驗,在相互比較下找出最適合的配方,並歷經半年以上才開發出最適合且穩定的產品品質。」

創新態度打造商品與服務優勢,讓空間動線滿足消費者需求

除了商品上的創意哲學之外,品牌的經營與活動服務都緊扣此為出發點。談起品牌在經營過程中曾遇過的最大挫折,梁志隆說道,「雖然肉老大的餐點及服務獲得消費者很高的評價,但起初品牌知名度不足,台北忠孝復興店剛開幕時,一天只有 NT.1,500 元的營業額,前兩個月就賠了超過 NT.50 萬元,是經過半年的努力才讓業績回穩。」過程中除了持續開發特色餐點外,也以行銷服務的力道讓消費者印象深刻,加強品牌記憶,除了有不定期贈送造型氣球、生日時會用乾冰製造水晶球並贈送獨特的生日禮物外,他解釋,「當對消費者的量身訂製,讓溫暖服務之外更享受一種驚豔與互動感,以真誠服務作為基礎,並以研發創新作為態度。」

左為小龍官宴、右為4人肉塔。圖片提供_肉老大頂級肉品涮涮鍋

上＿活動型隔板設計有視覺穿透感，又區隔座位區隱私空間。下＿中和永安店，維持店裝該有的黑、淺棕基調，用餐區域餐桌分別有燈飾懸掛，提高用餐氛圍感受；桌型彈性可依格版適時變化為2人、4人、6人與8人。攝影＿Amily

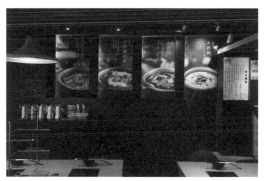

在空間設計的發想與規劃，梁志隆表示，裝潢上不會太浮誇，而是簡單舒適為主，因為重點是在人的服務才能感受到店家的用心。而且肉老大打造溫馨貼心的用餐環境，會特別強調出餐以及公共區域動線的流暢設計，如出餐口的桌面尺寸安排為 1.8 公尺 ×0.45 公尺、排菜盤的區域旁一定要有冷藏冰箱，如此才能縮短作業時間、而出肉品的區域一定要安排在菜口的最外側；另外公共空間則要留意讓服務生與消費者活動之間不會產生衝突，醬料區後面需留 120 公分的空間，讓消費者可以有進出的通道、主要走道則需至少 120 公分的空間，保有雙向通道。另外桌面設計與思考不止是平面空間運用，還要加上立體空間的思維，以座位區的安排為例，運用活動型隔板，讓桌型彈性可適時變化為 2 人、4 人、6 人、8 人，也降低消費者對於併桌的困擾。

選擇品質高的原物料為先，持續研發讓顧客認同的美味鍋物

肉老大目前擁有 4 家直營店，在對於如何看待火鍋整體的未來市場和營運重點，梁志隆進一步談到，往新竹以北是這兩年的展店規劃，店鋪選址仍是依二級區域為主，但會往台北市以外發展，目標能達到 10 家，並在食材品質不變的基礎下，以優化的作業流程，持續開發出讓消費者認同，且能大大滿足味蕾的獨特鍋物。

醬料區後面留120公分空間，讓消費者可有進出的通道。攝影＿Amily

肉老大頂級肉品涮涮鍋

開店計畫 STEP

2017 7月	2017 8月	2017 9月	2017 11月
開始籌備	進行裝潢	試營運（兩周）正式開幕	進入火鍋旺季增加行銷活動

2017 12月	2018 4月	2018 5月
損益兩平	獲利連續穩定	構思展店計畫

品牌經營	
品牌名稱	肉老大頂級肉品涮涮鍋
成立年份	2017 年
成立發源地／首間店所在地	台灣台北／台灣台北市大安區
成立資本額	不提供
年度營收	不提供
國內／海外家數佔比	台灣 4 家
直營／加盟家數佔比	直營 4 家
加盟條件／限制	無加盟
加盟金額	無加盟
加盟福利	無加盟

店面營運／成本表格	
店鋪面積	不提供
平均客單價	NT.350 ～ 450 元／人
平均日銷鍋數	不提供
平均日銷售額	不提供
總投資	不提供
店租成本	佔營收 8%
裝修成本	佔營收 7%（以 3 年攤提計算）
進貨成本	佔營收 42%
人事成本	佔營收 26%
空間設計	無

商品設計	
販售鍋品	果凍鴨血麻辣鍋、牛奶鍋、紹興雞醉鍋
明星商品	豪華龍宮宴、炙燒松阪豬套餐、果凍鴨血

行銷活動	
獨特行銷策略	FB 打卡送肉盤，打卡集點送肉再升級；不定期贈送造型氣球
異業合作策略	乾冰製造水晶球，並與插畫家小簡合作生日禮

文｜蘇湘芸　攝影｜江建勳　資料提供｜辛殿麻辣鍋

2-1 獨立／連鎖品牌經營模式

辛殿麻辣鍋

文青吃到飽的麻辣鍋始祖
堅持直營模式，細節禮待君子

2013 年開業的「辛殿麻辣鍋」，開業 6 年來，全台僅台北 2 家直營店，卻天天客滿，原因在以「心」為理念，將麻辣鍋視為一席君子茶，堅持不加盟的直營路線，不使用兼職員工，而是完整聘雇培訓的正職人員，提供更優質的服務品質，從擺桌器皿、空間環境、烹食用料、吃到飽費用，細節裡講究的是君子之交、相待以禮的細心。

平日上午沒到 11 點，辛殿麻辣鍋台北松江店的門口已經開始排隊。隨著時間接近中午，麻辣鍋的香味從半開放式廚房散出，溢滿整個空間的溫暖，又香又麻的味道鼓動下，客人魚貫入場，伸長筷子在麻辣鍋裡面尋找，表情像是準備拆開聖誕節禮物的孩子，氣氛非常好。

溫馨幕後卻是一段巧合，時間拉回開業之前，創辦人曾經在大陸奔走，忙碌工作之餘，最喜歡吃的是麻辣火鍋。返台後，一直無法遺忘記憶中的味道，開始投入麻辣鍋市場。思念的味道要成為入口佳餚並不容易，除了店面地點的選擇、食材備料的規劃、服務人力的教育訓練等，忘記實際花了多久時間，通過人情掌故，確認麻辣鍋的文化傳承與生活記憶的關係後，終於在 2013 年，首家辛殿麻辣鍋在松江路上開幕。

品牌公關鄭建成表示，火鍋店只要開對地點，再把火鍋賣便宜點就能賺錢，那是 90 年代的模式，台灣火鍋市場的發展從早期流行的平價小火鍋開始，隨著飲食文化的成熟，火鍋店的水準也不斷精益求精。現在民眾對於「吃」更注重細節，除了麻辣鍋的湯底味道、食材等級、服務水準，還有餐廳設計的活動空間及環境氛圍等，每一個看似非常小的細節，組合加乘起來卻是一家火鍋店之所以受到顧客歡迎的勝敗關鍵。

帶給他人良好的第一印象,是一家餐飲成功的關鍵。辛殿麻辣鍋的空間使用不同石材混搭玻璃鐵件,融合現代與古典,氣派又不失細緻。目前辛殿麻辣鍋在台灣共有 2 家直營店,品牌重視自營,不打算開放加盟。攝影＿江建勳

店內的水泥地面,隨時間累積呈現斑駁而閃爍的質感,創造另一種獨特氛圍,但是為了維護整齊,店家每 2 年就要大手筆的全新翻修地坪。攝影＿江建勳

Brand Data

2013 年成立,全台僅 2 家直營門市,天天滿座。以平易近人的吃到飽收費門檻,提供新鮮好吃的優質食材。

鎖定商務客層，美學意境＋交通方便，為店面重點

　　所謂「理想的餐飲空間」，並非華麗刻意的巧奪設計，而是不經意的美學延伸至空間各角落。走入辛殿松江店內，空間猶如君子氣質，迎面而來是沈穩端正的水泥牆面，伴隨著兩側的石材伸展，左邊是銀白龍櫃體，右邊是黑網石桌面，反差極大的雙色石材疊影，再對比地板因為使用與時間的遺留交織出斑駁而閃耀的質感，描繪的是石豁筆墨的蒼勁圓厚、以及石濤意境之空靈洗鍊，正是中國山水畫的典範風格。

　　另設於 ATT 4 FUN 百貨內的辛殿麻辣鍋信義店，儘管因為樓層限制，無法變更地坪結構，但是加入更多的花卉上演青山綠水的明媚風光，搭配店內的玻璃鐵件及燈軌欄架的適切光影切換，成為空間中的一抹妝顏，濃淡總相宜，佐月光烹食麻辣鍋，也是十足的文青風。

　　鄭建成表示，2 家辛殿直營店從地點到環境、從麻辣鍋味道到餐飲服務，共通點是「堅持細節」。他進一步解釋，辛殿麻辣鍋的開業之初，

左＿以待客之道來比喻人生，待客有其道，火鍋經營也有該有的堅持，辛殿麻辣鍋堅持不用重組肉，所有海鮮肉品是貨櫃海運進貨才能壓低成本，提供物超所值的麻辣鍋吃到飽。右＿水泥牆壁的淡泊簡約，僅貼上幾朵花，猶如出水浮蓮的出淤泥而不染。攝影＿江建勳

鎖定客群是白領上班族，店面靠近捷運站，可以方便顧客前往；開業至今，面對食材漲價的壓力，只調整過 NT.100 元價格，但是桌數及座位間距從未改變，維持用餐的舒適；而夏天裡的辛殿，也有文人風姿，插上花藝盆栽，形塑一方悠然，吸引大學生或商務人士用餐時，一邊使用水泥牆面的投影功能，讓用餐更方便。

不開放加盟店，直營專賣＋正職員工為形象重點

早在 2013 年，辛殿麻辣鍋已經開始思考「火鍋品質革命」。也是那年開始，台灣新聞連環爆，除了食用油品、毒澱粉、過期食品竄改標示、工業原料流入食品加工等違法食品添加物，食安亮紅燈，一連串的檢測數據跟專業術語，讓餐飲界為之動盪不安。

辛殿麻辣鍋卻在此時進軍市場，「當然會緊張，一開始幾乎沒有抱持賺錢的念頭，就是作一件喜歡的事情，想著怎麼樣把事情做好。」面對火鍋市場的低價競爭趨於頻繁，始終認為「吃的品質」才是重點，尤其是吃到嘴巴裡的食物，即使是吃到飽的收費，辛殿麻辣鍋強調不用重組肉，所有海鮮肉品是跟產地盤商合作，採貨櫃海運的直接進口，落地後在專屬冷凍的全程衛生管理。

「我們每個月一半以上的成本，都花在食材上面。」除此之外，君子以修身為重，修身之要在乾淨。不同於大多數的麻辣鍋店總是過於味道濃郁，但是進入辛殿，沒有嗆鼻難受的味道，只有乾淨美觀的用餐環境，對此，鄭建成說，「店內固定找清潔公司清理，清潔沙發的味道、淘汰有破角的餐具、地板也會固定翻新，這些費用不大，加起來也佔了 1 成營業額。」更透過半開式廚房概念，邀請民眾一同檢視細節的整齊。

服務方面，辛殿麻辣鍋堅持不使用兼職員工，店內一律正職服務人員，而且是高薪聘請，一名新進人員的月薪是 NT.4 萬 5 千元起跳，經過培訓的員工凝聚度高，可以提供完整的品牌體驗，吸引顧客的品牌認同感，此外，正職人員的流動低，更能掌握老顧客的喜好，「很多客人都說，來辛殿可以用吃到飽的價格吃到單點火鍋的水準，有些食材更好吃，服務更好！」

觀光及親子族群增加，健康食材＋線上訂位，是未來重點

面對火鍋市場的變化，用低廉價格吸引上門的消費是一時的，無法長期永續的經營品牌。辛殿麻辣鍋開業 6 年，一開始設定對象是商務人士，以平易近人的吃到飽收費門檻，提供新鮮好吃的優質食材，讓忙了一整天的上班族可以不用擔心荷包，放輕鬆的大啖一頓火鍋饗宴。

近幾年的努力提升品質，除了商務族群的口碑經營之外，也在新客群的成功開發上，搶先嗅得了火鍋市場的趨勢變化。「近幾年發現來店消費的人，親子族群與觀光客的比例一年比一年多。」因為火鍋可以吃得均衡健康，食材新鮮安心，廣受現代人歡迎。

加上，近幾年的不少中餐廳歇業，家族聚餐陣地轉移，而網路資訊發達後，出現大量的部落客網路體驗分享文，自由行旅客喜歡上網做資料，慕名而來的觀光客越來越多，就算不會說中文，也會請飯店旅館的櫃檯幫忙打電話訂位。當觀光與親子族群有想吃到的意願時，要做好的服務就是提供線上訂位以及對健康食材的保證，這也成為辛殿麻辣鍋的下一步目標，希望跟上數位趨勢，迎接專程來消費的客人們。

生意再好辛殿麻辣鍋也不改變桌數，保持桌子與座椅的排列有序，維持舒適寬敞的用餐環境。攝影＿江建勳

辛殿麻辣鍋

開店計畫 STEP

2012 2 月	**2013** 10 月	**2014** 9 月	**2014** 10 月
試營運	正式開幕	半年至 1 年 步上軌道	信義店開幕

2016 10 月	**2019** 12 月
兩家店獲利打平	預計籌備第三家直營店

品牌經營	
品牌名稱	辛殿麻辣鍋
成立年份	2012 年
成立發源地／首間店所在地	台灣台北／台灣台北市中山區
成立資本額	不提供
年度營收	不提供
國內／海外家數佔比	台灣 2 家
直營／加盟家數佔比	直營 2 家
加盟條件／限制	無開放加盟
加盟金額	無開放加盟
加盟福利	無開放加盟

店面營運／成本表格	
店鋪面積	50 坪 (不含廚房及員工休憩區)
平均客單價	每鍋約 NT.638 元 +10% 服務費
平均日銷鍋數	不提供
平均日銷售額	平均 1 日 6 輪、每輪 85 ～ 90 位總座位數、用餐時間 120 分鐘
總投資	不提供
店租成本	不提供
裝修成本	不提供
進貨成本	佔月營收 5 ～ 6 成
人事成本	佔月營收 2 成以上
空間設計	山米藝術／孫祖康

商品設計	
販售鍋品	紅鍋（麻辣鍋）、白鍋（豬骨鍋）、紅＋白的鴛鴦鍋
明星商品	紅＋白的鴛鴦鍋

行銷活動	
獨特行銷策略	無
異業合作策略	無

文｜洪雅琪　攝影｜Amily　資料暨圖片提供｜滿堂紅餐飲開發股份有限公司

傳承老字號鍋物品牌，延續新世代飲食文化
接地氣行銷手法，創造與消費者的共同記憶

2-1 獨立／連鎖品牌經營模式

滿堂紅頂級麻辣鴛鴦鍋

頂著 14 年吃到飽火鍋店的品牌光環，滿堂紅餐飲開發股份有限公司副總經理張代正（Austin）從父執輩手中接下職位，面對火鍋市場逐漸飽和與新世代消費結構的改變，如何在競爭性高的同業環境中脫穎而出，並兼顧老客戶對品牌的印象？身為二代管理者將迎合當今的管理模式，替老品牌注入新的行銷思維。

14 年前，滿堂紅還只是間位在台北市光復南路與逸仙路口的火鍋店，當時父親採單店經營，在開業 1 年後觀察到吃到飽火鍋店的商機，因此毅然決然轉型，而後藉由引進美國白金級牛小排與 Häagen-Dazs 冰淇淋的行銷方式逐漸走紅轉而穩定成長，至今成為吃到飽火鍋店的老字號品牌。

然而，固守既有市場地位並不能拓展更多客源，身為第二代接班人的 Austin，在 2018 年回來接掌滿堂紅鍋物副總職位後，選擇重新改造滿堂紅的企業文化。

展店策略不走街邊店形式，以央廚模式控管食材品質

滿堂紅開業至今始終沒有位於 1 樓的門市，包括從早期的仁愛店到 2018 年新開幕的 Bellavita 店，Austin 認為，進駐 1 樓以外的門市在空

上＿用餐空間延續門面風格，採亮色系配色。攝影＿Amily
左下、右下＿滿堂紅以每年榮獲『美國肉協』頒發白金級美國牛肉認證，替肉品提供實質的身價保證，讓消費者吃得健康又安心。圖片提供＿滿堂紅餐飲開發股份有限公司

Brand Data

滿堂紅頂級麻辣鴛鴦鍋成立於 2005 年，以全台第一家裝潢頂級的「吃到飽」麻辣火鍋餐廳出道，目前在台北、台中、桃園共有 5 間直營店，突破以往板凳式經營的傳統自助吃到飽，以 6 種經典的鍋物湯底搭配美國白金級認證頂級肉品，並採用「現點現切服務到桌」的經營模式。

滿堂紅Bellavita 店供有開放式座位與半開放卡座，滿足散客及團體客需求。攝影＿Amily

間的店租與坪數上，有更多的成本彈性可以調降，再將更多心力專注在食材品質跟人事成本的控管，且商場店帶來即刻性的人流量，又能解決消費者停車需求的優勢，所以滿堂紅在北部展店更趨向以商場通路為主。

為了維持品牌開業以來的湯頭口味，滿堂紅在拓展第二家門市時便計畫於新北市中和區設立中央廚房體制，採集中料理方式熬煮各店湯頭，生產川味丸子等加工食品，更需負責控管各門市漁獲肉品來源，替消費者把關食材品質，對於央廚的必要性，Austin 認為，「滿堂紅也許無法符合每一位消費者的胃口，但從湯底、配料到食材，我們始終維持高標準的品質，這是品牌引以為傲的地方。」

成熟的餐廳空間規劃，優化備菜到出餐的每一步驟

對內承襲創辦人的品牌理念，對外秉持消費者在品質上的要求，Austin 希望品牌價值能發揮更深度的影響力，因此當滿堂紅進駐

Bellavita 時更加重視消費者的用餐環境，並在與設計師林承漢討論後決定將此據點規劃為餐飲空間的最佳示範案例。

　　Bellavita 店主要分成「外場（用餐區）」與「內場（廚房區）」，當初林承漢首先確認店面坪數與格局，因本店屬狹長型格局，故先將用餐區與廚房以 7：3 比例區分，再用業主所需桌數、出餐數與營業額規劃最終座位數量，另採用迴字型動線出餐，妥善利用畸零空間，提供最高的佔客量。另因應放置食材需求，桌面多增加 20％的面積，不會因擺盤過多而顯雜亂，收盤時也不會影響消費者用餐。

　　廚房區的油煙排放問題則是將用餐區的冷氣風以正壓效果配合廚房抽風系統的負壓效果，當正負壓同時啟動時油煙便會直接抽往廚房，而為避免廚房過熱另增設補風系統，確保味道集中在廚房，降低用餐區異味。另外將備餐區設置在餐廳中心，提高出菜速度也方便廚房料理，延伸至料理台尺寸，靠牆桌面深度需為 70 公分，反之則需 90 公分讓兩側廚師都能使用，而廚房與用餐區隔間牆必須要通過防火 1 級消防規章以及達到 48 小時防水測試。

左＿三度進駐百貨商場的滿堂紅Bellavita店，以明亮的門店風格凸顯與其他櫃位的不同。右＿刻意採用跳色搭配，明顯區隔前段沙發用餐區與後段包廂式卡座。攝影＿Amily

左＿整體空間以樹枝造型燈飾點綴，呼應後方的櫻花樹主景。右上＿櫻花樹下的半開放卡座以不同的光線變化吸引許多消費者打
卡拍照。右下＿天花板以金色帶狀造型延伸整體空間視覺。●攝影＿Amily

抓住現今消費習慣，打造一處說故事的空間

　　滿足基本衛生與安全因素，林承漢談到當初現勘時觀察到其他餐廳風格的同質性高，為突顯滿堂紅的獨特，Bellavita 店的門面採用大膽亮色系隔間，原因在於第一眼能吸引消費者好奇心，再者則是考量到顧客剝蝦等大動作，隔間能提升用餐時許些遮蔽功能，以達到隱私性。

　　用餐空間又分為前後兩區，前區採開放式用餐桌，讓親子客群可以就近照顧，團體客群可彈性調動位置；後區主視覺為中央的櫻花樹，林承漢說，靈感來自日本賞櫻文化，因客群多為親朋好友，聚餐時間久，故希望打造令人驚豔的用餐環境，樹下的卡座包廂分別以春—薰衣草紫、夏—草綠、秋—楓紅、冬—冰雪藍四色，配合燈光變化營造浪漫氛圍，讓消費者每次用餐都是不同的體驗。

左＿自助式食材區設置於用餐區後方，加速服務生管理及補貨速度，確保維持食材新鮮度。右＿採用漂浮式桌台設計，讓消費者用餐時雙腳有更多伸展空間。攝影＿Amily

滿堂紅頂級麻辣鴛鴦鍋
開店計畫 STEP

2005	2018	未來
創始店正式開幕	進駐台北市信義區 Bellavita	依據市場評估以及風險許可，希望可以在未來每年拓展 1～2 間的門店。

品牌經營	
品牌名稱	滿堂紅頂級麻辣鴛鴦鍋
成立年份	2005 年
成立發源地／首間店所在地	台灣台北／台灣台北市大安區
成立資本額	約 NT.1,000 萬元
年度營收	約 NT.7 億元
國內／海外家數佔比	台灣 5 家（北部 4 家、中部 1 家）；海外 1 家（加盟展店）
直營／加盟家數佔比	直營 5 家、加盟 1 家
加盟條件／限制	用心經營，誠信至上
加盟金額	依合同簽訂為基準
加盟福利	含完整的教育訓練、日後原料購買提供折扣數

店面營運／成本表格	
店鋪面積	約 150 坪左右
平均客單價	每位約 NT.700 元
平均日銷鍋數	不提供
平均日銷售額	約 NT.40 萬元／間
總投資	約 NT.3,000 萬元／間
店租成本	依據地段位置不同，店租成本皆不等
裝修成本	約 NT.2,000 萬元／間
進貨成本	依據淡旺季進貨成本為浮動
人事成本	約 NT.45 萬元／間
空間設計	大切誠石

商品設計	
販售鍋品	麻辣鴛鴦鍋、味增牛奶鍋、椰子雞
明星商品	麻辣鴛鴦鍋、椰子雞

行銷活動	
獨特行銷策略	1. 於不定期時段將會招待顧客現流海鮮盅。 2. 逢年過節將會應景推出限時活動，例如兒童節將招待一位兒童用餐、母親節將贈送特製限定甜品。
異業合作策略	與百貨公司聯合推出各店限定產品，配合各百貨工作人員享有用餐精緻點品。

文｜余佩樺　攝影｜Amily　資料提供｜滾吧 Qunba 鍋物

善用背景優勢，找到品牌自身的市場立基點

將中藥材融入其中，研發口感獨門沙茶醬

2-1 獨立／連鎖品牌經營模式

滾吧 Qunba 鍋物

滾吧 Qunba 鍋物主廚林挺立與營運經理吳智涵，兩人曾在餐飲業共事過，一個因緣機會下萌生共同創業念頭，林挺立憑藉著對海鮮食材的了解，而吳智涵家族本身則有中藥行背景，善用各自優勢一同投入火鍋產業，以提供新鮮食材與獨門手作沙茶醬，在競爭市場中找到品牌身的立基點。

談及品牌創立成立契機？翰群餐飲有限公司營運經理吳智涵回憶，「自己原先就從事餐飲工作，最終仍是希望能為自己努力，朝開創品牌之路邁進。」於是，一個因緣機會下，吳智涵與林挺立萌生共同創業念頭，正當在思考該投入哪一個餐飲領域時，一個「何不從自己愛吃的火鍋著手？」念頭，成為兩人投入火鍋市場的開始。

打破常規，手工製作獨特口味沙茶醬

火鍋在台灣餐飲市場中，一直受消費者青睞，不斷有品牌投入市場，要如何做出差異，著實讓吳智涵與林挺立思考了許久。後來兩人想到各自所擁有的優勢，進而順利找出自己的路。

吃火鍋絕對少不了沾醬，但市場普遍多使用罐頭為主，為了創造差異，吳智涵決定在沾醬上著墨，「剛好本身家族有經營中藥行的背景，於是就思考將中藥材融入其中的可能，健康之餘味道也較有層次，更重要的是與他人不同。」花了超過半年以上的時間進行研發，最終調製出獨門的手作沙茶醬。

至於出身基隆崁仔頂魚市旁的林挺立，其林家三代皆從事餐飲業，再者對於海鮮食材也有一定程度的了解與熟悉，既能在食材上做

滾吧Qunba鍋物成立於2017年8月，此為首間門市建北店。攝影＿Amily

店內聞名的手工沙茶醬，因應饕客需求推出「滾吧純手工沙茶罐頭」，因為是手工製作採每週限量供應販售。攝影＿Amily

Brand Data

2017 年 8 月成立第一家門市，以加入獨有中藥材的手工沙茶沾醬聞名，再搭配店內選用新鮮食材，自 2017 年開店以來，已分別在台北市文山區、新莊區、山峽一帶插旗，目前共有 4 間門市。

把關，也可熬出獨特湯頭，提供消費者鍋物更不一樣的口感。當切入市場的立基點確立後，兩人便於 2017 年 8 月在台北市建國北路上開了第一家門市。

經營模式不對，選擇快速調整適應市場生態

面對新品牌的問市，吳智涵與團隊不敢馬虎，清楚知道必須藉由一定的人流、清晰的門面，才能吸引消費者的目光，於是幾經尋覓後，落腳建國北路與南京東路交叉地段上，該區擁攘往熙來的人潮，還享有便捷交通與好停車的利多。

不過，店才剛開沒多久，便碰上經營問題。原來，起初設定的中高價位的個人套餐模式，未能在該地段產生效應，於是在開業 1 個月後決定調整經營模式，「那時開始觀察週遭族群的消費需求，提供兼具品質與價格優勢的商品，才能精準地吸引他們光顧。」在釐清後，便重新制訂價格，改走中低價格模式，同時也增加自助冰淇淋吧，原先訴求的新鮮食材、現熬湯頭，以及手工沙茶醬……等均保留，讓消費者享受到是高 CP 值的用餐體驗。

漸漸地經營看見曙光，隨著入店的人潮愈來愈多，觸發連鎖效應，就連一般過路客也被吸引上門光顧。吳智涵回想，「面對競爭激烈的火

左＿入店處設計了一道水流瀑布從天花而下，水花濺溢至地面的樣子，有趣的意象成為熱門的打卡地點。店內主要以個人套餐火鍋為主，座位設計上也特別加設了吧台桌，滿足不同客源的需求。右＿利用設計將店名運用在餐飲空間中，讓品牌與意象能相互結合加深消費者印象。攝影＿Amily

店內絕大多數為2～4人的座位區，只要稍稍挪動就能分開或合併，以利應對一天下來不同的來客量。攝影＿Amily

鍋市場，必須得因應環境生態做調整，倘若當初調整的速度稍過慢，讓消費者對店面已有了門可羅雀的印象，要再引起他們的目光就不是那麼容易的事了。」

展店以大台北地區為主，暫不考慮加盟形式

這樣的模式在建北店門巿帶起不錯的迴響與營收後，便開始思考展店的可能。吳智涵說，「當初在做調整時，便是希望日後能朝經營全客源為目標，既然這樣的形式可被年輕人、白領階級所接受，下一步便是想走入其他區域，並針對不同客群做經營。」

於是，在 2018 年 1 月於萬隆捷運站出口處開設了第二家店，吳智涵坦言，「決定進駐該區域前評估了好一段時間，雖說交通、人流符合所需，但因為附近已有長期在地經營的火鍋老品牌，能否像首間店打出漂亮的一仗，多少仍感到擔心。」後來經過評估後，相中該區的火鍋消費需求便決定進駐，同樣也帶來不錯的迴響。連兩間店的成功，讓團隊看到經營模式的可行之處，於是分別在同年的 6 月與 10 月又相繼進軍三峽北大、新莊一帶。

目前滾吧 Qunba 鍋物主要據點仍以大台北地區為主，均採直營、尚未考慮加盟，吳智涵解釋，「新鮮食材、現熬湯頭與手工沙茶醬等，是滾吧 Qunba 鍋物的最大特色，倘若一旦開放加盟，整體品質會變得更不容易兼顧，所以仍尚未考慮加盟。」正因品牌有所堅持，吳智涵明白許多成本費用無法調降，對應到選址上也有一套想法。他表示，「既然食

材成本已是無法屈就的一環,那何不從租金上來做調整。」所以首間店選擇位於建國北路上,只是轉個向,但光是租金費用就與鄰近的南京東路相差了 3～4 成;另外,也嘗試往新北市一帶找可發展的商圈,以三峽北大為例,雖屬封閉型商圈,但當地居民有吃火鍋的需求,再加上租金比台北市親民許多,成為選擇進駐的原因。

將火鍋意象以設計轉化呈現,運用到環境之中

滾吧 Qunba 鍋物對市場而言是一個新興品牌,為了能被消費者看見,在空間呈現上也花了點心思。

設計從品牌名做延伸出發,將盛裝火鍋的圓鍋作為意象,轉化成一個又一個「圓圈」設計,而這樣的圓也好似火鍋煮沸騰時所冒出的泡泡,設計者將它運用在牆面上,並在上頭加入一些品牌成立故事、醬料調配作法等,讓設計的運用能與整體更契合。空間調性上,吳智涵則是希望能提供消費者乾淨、明亮且舒適的用餐空間,於是在白色基調下,注入了藍、綠色系,藉由中性大地色系替環境注入些許輕盈與活潑感。值得一提的是入口處的瀑布意象,同樣取自火鍋煮沸騰時水不停的滾動的模樣,設計者將它轉化成水流瀑布從天花而下,水花濺溢至地面的樣子,有趣的設計成為熱門的打卡地點。

由於店內主要是經營個人套餐火鍋,在座位安排上除了吧台區,店內絕大多數為 2～4 人的座位區,吳智涵說,會以 2～4 人桌為主,主要在於好做調整,稍稍挪動就能分開或合併,以因應不同的來客量做調整。雖然走的是中低價位帶,享用時的乘座舒適感也是有加以考量,以 2 人桌為例,其桌子長寬分為別 100 公分與 70 公分,再搭配靠背座椅,讓人能更安心自在地享用美食;桌子也加入抽屜設計,將紙巾、衛生紙等收於其中,拿取相當方便,另也不用擔心衛生問題。

品牌成立至今快 2 年,團隊也不斷在思考拓展其他面向的可能,像是店內有名的手工沙茶醬因應客人需求,也順勢推出「滾吧純手工沙茶罐頭」,採取每週限量供應販售,從不同角度打開品牌的能見度。對於未來,吳智涵說仍有展店計畫,希望把好滋味帶給更多人品嚐。

上＿生意再好辛殿麻辣鍋也不改變桌數,保持桌子與座椅的排列有序,維持舒適寬敞的用餐環境。下＿桌子加入抽屜設計,便於拿取紙巾、衛生紙;椅子下方則設有置物籃,可用來擺放入店消費者的個人物品。攝影＿Amily

滾吧 Qunba 鍋物

開店計畫 STEP

2017 8月	2018 1月	2018 6月	2018 10月	▶
第一家滾吧 Qunba 鍋物（建北店）成立	第二家滾吧 Qunba 鍋物（萬隆店）成立	第三家滾吧 Qunba 鍋物（北大店）成立	第四家滾吧 Qunba 鍋物（新莊中港店）成立	

品牌經營	
品牌名稱	滾吧 Qunba 鍋物
成立年份	2017 年 8 月
成立發源地／首間店所在地	台灣台北／台灣台北市中山區
成立資本額	NT.1,500 萬元
年度營收	不提供
國內／海外家數佔比	台灣 4 家
直營／加盟家數佔比	直營 4 家
加盟條件／限制	無開放加盟
加盟金額	無開放加盟
加盟福利	無開放加盟

店面營運／成本表格	
店鋪面積	50 坪
平均客單價	不提供
平均日銷鍋數	不提供
平均日銷售額	不提供
總投資	不提供
店租成本	不提供
裝修成本	不提供
進貨成本	不提供
人事成本	不提供
空間設計	逸格設計

商品設計	
販售鍋品	不提供
明星商品	不提供

行銷活動	
獨特行銷策略	消費集點兌換所規定的價格套餐活動、每月推不同的優惠活動、用餐加價購優惠活動
異業合作策略	無

文｜洪雅琪　攝影｜李永仁　資料提供｜築間幸福鍋物　圖片提供｜築間幸福鍋物、鴻樣室內裝修設計有限公司

視消費者如家人，打造安心飲食文化

全台唯一擁有獨立海產供應鏈的連鎖火鍋業者

2-1 獨立／連鎖品牌經營模式

築間幸福鍋物

2010 年起家的「築間幸福鍋物」，董事長林楷傑用 9 年時間創造火鍋店展店傳奇，包括在台中市文心路連續開設 7 間門市，林楷傑以獨到的眼光觀察市場變化，並結合跨領域的行銷手法，在競爭激烈的火鍋市場佔有一席之地。

築間幸福鍋物首店位於基隆，並在開業一年後開始拓點，從新北市三重、台北、台中，進而一路進軍大陸上海，而後才又回到台灣繼續向南部展店。林楷傑說當初 20 ～ 30 歲都在台中生活，對台中有情感與熟悉度，所以築間幸福鍋物在台中設立最多門市。

因為本身愛吃火鍋，故林楷傑的經營理念首重食材品質，認為自己無法接受的食材怎能提供消費者，堅持這份初衷的理念讓林楷傑時刻都秉持對消費者的食安責任。

產地直送管控品質，打造一條龍水產供應鏈

本身味蕾敏銳的林楷傑對料理極為講究，這份堅持影響火鍋湯底到肉品、海鮮等食材皆須通過自身標準，秉持這份精神，林楷傑要求火鍋配料皆須使用日本原產的 YAMAZAKI 品牌火鍋料，以紅蝦棒為例，日本原產與台製成本價差近 8 倍，另主食特別選用在地的台灣白米與糙米，更在今年獲得「臺灣米標章」優良店家認證，故整體食材成本就佔總成本的 45％，林楷傑驕傲地說，「提供高品質的食材就是築間幸福鍋物對消費者的承諾。」

主燈區以壓克力燈管層疊交錯營造星雲效果，透過鏡牆倒影更添夢幻璀璨。圖片提供＿鴻樣室內裝修設計有限公司

築間餐飲集團董事長林楷傑。攝影＿李永仁

Brand Data

全台唯一擁有自己水產供應商的火鍋連鎖
品牌，採一條龍營運模式打造高水準的用
餐環境，以產銷合作模式提供高品質的海
鮮食材，平易近人的價格打造高 CP 值的
消費模式。

設計師鄭惠心打造一面大氣的落地式紅酒牆，區隔主燈區並引導消費者通往預約制鐵板燒區。圖片提供＿鴻樣室內裝修設計有限公司

創業初期，為研發最道地的石頭湯底，林楷傑曾遠赴見一家經營一甲子的湯底調配商，經過反覆試煉最終創造令人回味的湯底配方，而石頭湯底也成為鎖住客人回籠的鎮店之寶，至今築間仍持續改良湯頭，讓內容物愈加精粹化，創造有湯頭又有濃縮原湯的獨門配方。為能更全面性地掌握食材品質，林楷傑在 2015 年將原本的供貨商上游買下並成立專屬築間幸福鍋物的食品廠、冷凍廠及物流配送公司，成為全台唯一將火鍋店升級成冷凍貿易商的火鍋業者，產銷合一的經營模式建構安全供應鏈，讓消費者吃得安心。

專業分工把關門市素質，部門合力擴張據點版圖

談到展店策略，林楷傑認為餐廳吸引的客群多為計畫性消費，即有明確目的前往而非隨機選擇，故展店因素並不侷限區域位置或特殊樓層，而是「相信品牌價值就能吸引人潮前往消費」，以 2017 年落成的台中北

屯旗艦店為例，經由空間設計與周邊環境潛力調查，即便位於非主要道路上，開幕後業績已達到 2 萬人次的客流量，然而文心路密集開設 7 間門店，不擔心同品牌相互競爭拉低利潤嗎？林楷傑反而認為，如果消費者候餐時間過久加上無足夠服務人力會造成用餐品質下降，因此才願意在同條路連續展店。

在築間幸福鍋物直營門市拓展穩定後，從 2018 年開始已開放加盟店經營，且為把關食材品質與營運順利，林楷傑於台中北屯旗艦店總部培育了訓練與考核兩部門，配合區主管三方共同針對加盟店進行定期輔導、各層職的教育訓練及講習課程，輔助加盟店的出餐品質與人事素養運作順暢。以品牌策略發展為考量，拓展海外才鎖定上海市場。

在星空下用餐，點綴日常生活的不凡體驗

有計畫性展店，空間規劃也別具用心。位於台中西屯區的旬 ・ 文心店，落成至今已獲得 3 座海內外設計金獎等殊榮，設計師鄭惠心談到靈感來自築間幸福鍋物擁有獨立的水產供應鏈，因此在空間上以深色基底為主，搭配鍍鈦金屬及特製燈具，再以魚群裝置藝術元素作為主視覺營造頂級海鮮的高雅愜意氛圍。

使用線性鐵件與木質飾板區隔卡座，保持視覺穿透兼顧空間層次。圖片提供＿＿鴻檬室內裝修設計有限公司

左、右上＿北屯旗艦店採挑高樓層設計讓整體空間更顯氣派。攝影＿李永仁
右下＿築間幸福鍋物北屯旗艦店位於台中市北屯區崇德九路。圖片提供＿築間幸福鍋物

　　店內除開放式的火鍋區座位，亦有獨立式包廂提供享用鐵板燒的貴賓，包廂周邊使用鍍鈦金屬類的耀眼素材增添奢華感，裝置在鐵板餐台上方的洄游魚群則象徵豐收與生生不息；鍋物區主燈以條狀的燈飾環繞在空中，橫豎燈管重複交錯模擬星象，刻意壓深的天花板與鏡牆，燈光反射營造絢麗的浩瀚星空效果，給消費者產生在星空下用餐的錯覺。

堅持與專注信念，打造全方位行銷營運團隊

　　築間站穩鍋物市場後，為拓展事業版圖，曾嘗試轉經營法式餐廳及投資其他餐飲領域，但期間因經營理念與發展願景不符黯然退場。在歷經事業轉折後，林楷傑決定重新定位品牌企業發展策略，決定專注投入鍋物市場，並深刻體認「專注把一件事做好才是最重要」，築間開始大刀闊斧回歸市場。於是 2017 年成立築間餐飲集團總部，以朝向更專業企業化管理經營發展為目標，導入管理營運系統；建立完善企業組織分工，未來也將成立自有研發單位，展現鴻遠經營企圖心。

左上＿築間幸福鍋物旬・文心店位於台中市西屯區文心路。圖片提供＿鴻樣室內裝修設計有限公司
左下＿設計師鄭惠心以魚群造型的琉璃吊飾點綴鐵板燒區。圖片提供＿鴻樣室內裝修設計有限公司
右＿築間幸福鍋物以產地直送的新鮮水產吸引消費者口碑相傳。圖片提供＿築間幸福鍋物

築間幸福鍋物

開店計畫 STEP

2010 8月	**2013**	**2015**	**2017**	**2018**
於基隆創立首間石頭火鍋	版圖擴張至大台北地區	於台中創立市政店一號店	築間餐飲集團正式成立，並於大陸上海建立海外總部	台中北屯旗艦店總部成立，並正式啟動加盟計畫

品牌經營	
品牌名稱	築間幸福鍋物
成立年份	2010 年 8 月
成立發源地／首間店所在地	台灣基隆／台灣基隆
成立資本額	NT.2.5 億元
年度營收	NT.14 億元
國內／海外家數佔比	台灣 44 家；海外 5 家
直營／加盟家數佔比	共 49 家
加盟條件／限制	年齡 55 歲以下，學歷高中職以上，負責人或店長須為加盟主。
加盟金額	NT.550 萬元
加盟福利	教育訓練－完整教育訓練制度、專屬物流－健全專屬物流系統優勢、專人輔導－立店輔導顧問全呈協作諮詢、技術轉移－經營技術（專業 know-how）、專業設備－牛財器具設備及企業識別系統、專業採購－提供優質產品，降低成本優勢、行銷營運－強而有力的行銷策略與營運支援、排隊商機－眼見為憑排隊商機，人潮就是錢潮

店面營運／成本表格	
店鋪面積	各門市差異大無法平均
平均客單價	每鍋約 NT.450 元
平均日銷鍋數	不提供
平均日銷售額	約 NT.350 萬元
總投資	約 NT.5 億元
店租成本	約佔投資成本 4%
裝修成本	約 1 坪 NT.15 萬元
進貨成本	約佔投資成本 45%
人事成本	約佔投資成本 25%
空間設計	設計師鄭惠心（旬・文心店）

商品設計	
販售鍋品	牛小排、松阪豬、霜降牛
明星商品	石頭火鍋、牛奶火鍋、麻辣火鍋

行銷活動	
獨特行銷策略	消費滿 NT.500 元即贈送七選券（可選擇肉或海鮮）用餐加價購優惠活動
異業合作策略	藝人沈玉琳代言，共同合作單曲「築間」

文｜陳婷芳　攝影｜曾信耀　資料提供｜有你真好火鍋沙龍

火鍋沙龍，邀請你共桌聚餐一起 GOOD SHABU

傳達好食材、好滋味，創造好空間、好生活

2-2 集團旗下多元品牌經營模式

有你真好火鍋沙龍

成立僅兩年的「有你真好火鍋沙龍」，隸屬於碳佐麻里餐飲系列旗下品牌，在競爭激烈的火鍋市場裡，首度帶入「火鍋沙龍」的全新概念，更在以CP值主導的台南美食之都，以中價位火鍋「好」出重圍。

2017 成立的有你真好火鍋沙龍，立足美食之都「台南」，歷時兩年的穩定成長，證明貨真價實的美味內涵足以滿足台南人挑剔的嘴，但主攻中價位的火鍋市場，在剛起步時以台南市場接受度確實不容易。

有你真好火鍋沙龍從無到有，逐步建立市場口碑，品牌發展講求長遠的永續經營，於是進一步透過與碳佐麻里餐飲系列品牌的整併，建立資源共享平台，對碳佐麻里精品燒肉而言，是跨領域的突破，對有你真好火鍋沙龍而言，則是強大資源的注入。

從沙龍歷史背景演繹共桌聚會

先是品牌名稱叫做「有你真好」，然後又是「火鍋沙龍」的概念，坦白說，這些都與傳統火鍋印象很難連結在一起，尤其「火鍋沙龍」在市面上是一個全新概念的名詞。一般人常常會先入為主地想到髮型沙龍，所以沙龍與火鍋要激盪出怎樣的火花呢？

「沙龍是歐洲上流社會聚會的一種形容，我們是沙龍的主人，邀請客人來聚會，所以就會提供最好的餐點，」碳佐麻里總管理處貴賓

原本畸零空間捨棄用餐空間規劃，而保留給裝置藝術呈現，藝術家表達享用火鍋時煙霧瀰漫的情境，更符合營造在美術館用餐氛圍的感覺。攝影＿曾信耀

左＿碳佐麻里總管理處貴賓服務部主任郭瀞琁。
攝影＿曾信耀

Brand Data

「有你真好」隸屬於碳佐麻里餐飲系列，該集團旗下包含燒肉、麻辣鍋、有你真好沙龍系列、Ｔ＋CAFÉ&TEA 等，共 4 品牌 8 間店。「有你真好」成立於 2017 年 11 月，品牌定位「好」字，傳達好食材、好滋味，創造好空間、好生活。

左__設計師在建築2樓完整保留了一面紅磚牆，訴說這棟建築空間歷史，並成為1、2樓主要空間的轉折界定。右__代表沙龍聚會的長桌意象，擺在最靠近入口落地窗的位置，結合戶外綠廊造景，達到吸引路人的第一眼目光。攝影__曾信耀

服務部主任郭瀞琁解釋著。SALON 這詞最早出現於 16 世紀的義大利，由空間的主人主辦，去邀請賓客來參加，得以愉悅自身及增進彼此交流的聚會。

沙龍的想法開始延伸出空間設計語彙，首先在空間上特別創造了共桌的情境，打破既有只跟熟識朋友、親人共同用餐的印象，讓一群就算不認識的人，吃著鍋時想熱鬧可以輕鬆分享聊天；不想講話時，也不會被過度干擾的用餐空間。

一般而言，火鍋餐廳多以 2～4 人桌型配置為主，因為這樣的客群最多，「有你真好」卻著重在吧台與長桌，這也是沙龍要與其他火鍋店做出區隔的重點所在。「其實當初是抱持著半實驗性質，畢竟並非有十足把握台南人可以適應這種模式。」黑呂空間設計師洪銘澤在一旁補充說明。

餐點服務就是一場表演

有你真好火鍋沙龍選擇落腳於台南民生路上，「民生路」如其名，代表著生活大小事務都在這裡，「除了填飽肚子，更要照顧著大家的健康，」郭瀞琄強調「有你真好」理念說來很簡單，簡而言之，有你代表是朋友，有緣分一起來用餐的客人；有你也代表好的環境、好的食材。回想起當時尚未開幕營業，這間店外觀只看到一個大大的「好」字，那時候的確會吸引人去注意這間店在「好」什麼，無形中就醞釀出「原來是火鍋店」的話題流量了。

翻開 menu 看看「有你真好」餐點選項多元，這品牌從發想到規劃執行，光在食材就費時將近一年研發準備，像這樣一瓶黃金湯是經過 28 小時淬煉而成，包括 8 小時熬煮、12 小時舒眠、8 小時煉金澄清，以特選老母雞結合大量的蔬果熬煮，引出湯頭的甜味，再用上法式頂級手法的蛋白餅吸附高湯裡的雜質，最後呈現金黃澄淨的湯底。

食材新鮮是所有美味的基礎，郭瀞琄舉例最受網紅喜愛的經典起司牛奶鍋，就是明明白白在供餐擺上兩瓶「高大鮮乳」，堅持桌邊現炒，讓客人參與牛奶鍋的濃鍋過程；同樣極受好評的京都壽喜燒，取經正統的壽喜燒吃法，除了醬汁慢火細熬煮，桌邊爆、炒、嗆也是一人亮點，鑄鐵鍋底先抹奶油炒糖，放上肉片瞬間煎出陣陣肉香，實在非常誘人，而這樣的桌邊表演通常在長桌時，更容易引起共桌用餐客人側目而感到興趣。

餐點方面則以口語化、趣味性的方式做命名，如蝦蝦蝦蝦蝦海鮮盤、夭壽好吃雞肉漿等，光是想梗也得煞費心思；尤其「有你真好」融合台南傳統在地美食，兵仔市場的傳統板豆腐、手工魚冊、關廟緞帶 QQ 麵等，甚至網羅了高雄左營菜市場嬤的汾陽餛飩，巷仔內才知道的市場好料最接地氣。

郭瀞琄透露，在碳佐麻里餐飲系列旗下品牌 SOP 中，各店都有個不可或缺的「品管師」崗位，為每位顧客把關餐點的品質，用以維持餐點的質量；從製程安全、擺盤美觀、風味控管以及份量標準，品管師的最後一眼即為每位顧客的第一眼。

空間區域設計包藏細節

「一間餐廳不單只是食物，如果服務不好，客人可能就不會再來了」。從空間設計亦能看出服務的細節，相較一般火鍋店的鍋具往往陳設在正中央，黑呂室內設計事務所設計師洪銘澤考量大多數人是右撇子，主要使用空間在右邊，於是電磁爐位置安裝在左邊，送餐盤放在右邊，真正做到從「小處著手」。

從「有你真好」詮釋空間，1 樓空間劃分為 3 個區塊，大長桌區採用沙龍共餐方式，實屬多人聚餐的首選佳座；吧台高腳椅的個人鍋區，適合獨享或情侶用餐使用；另外還有 2 ～ 4 人一桌的沙發獨立桌用餐區。2 樓則為半開放式的包廂空間，同樣帶入共鍋的概念，亦可作為小團體包場用途。

洪銘澤設談到，「在區域設計上，我們把想表現沙龍聚會的長桌意

左＿大量運用格柵設計，讓空間區域開放通透之間，又保持各自獨立。右＿設計師將屋脊巧妙形塑成一個天井，搭配星光燈，成為一處必拍照打卡的畫面。 攝影＿曾信耀

上＿餐廳一樓空間劃分成3個區塊，分別有大長桌共餐區、吧台個人鍋區、與4人一桌的沙發區。左下＿從櫃台進入用餐區的過道區，有一面銅鍋牆作為裝置藝術，留給客人享受拍照的情境。右下＿餐廳2樓空間有3個半包廂，在以白色調主控空間色彩之下，選擇搭配吊燈，來增加線條感。攝影＿曾信耀

象,擺在最靠近入口落地窗的位置,達到吸引路人的第一眼目光。」並
設計成半包廂的形式讓此區共同聚會的原意更顯鮮明,也因此在長桌上
方特別訂製的光圈,從落地窗外望向餐廳內,巧妙隱含穿越蟲洞進入 16
世紀沙龍的平行時空設計。

　　整體而言,新穎的建築外觀讓老屋本身不著痕跡,在日式極簡清水
模主視覺引導之下,1 樓空間因天花板噴黑帶來昏暗色系,藉助燈光氛
圍更形重要,2 樓格局則在完全沒有對外窗的限制之下,設計師選擇全
白的色彩計畫,搭配掛畫、裝置藝術營造在美術館用餐的感覺。至於最
多人好奇的紅磚牆,其實是在餐廳 2 樓,看似突然出現的反差感,卻是
這棟建築空間歷史,設計美學意義截然不同。

有你真好沙龍系列開創新局

　　有你真好火鍋沙龍隸屬於碳佐麻里餐飲系列旗下,除了燒肉、火鍋
等品牌,2019 年初也正式成立另一個火鍋品牌「TANGO 麻辣(天鍋麻
辣)」,企圖帶給消費市場更多的選擇。

　　碳佐麻里餐飲系列,發展精神在乎的是質量而非數量,從不以草草
展店快速加盟的策略來發展品牌。面對如此競爭激烈的餐飲環境,有你
真好沙龍系列依然成功開創新局,郭瀞琂進一步透露,近期在台南取得
一塊 7 千坪的土地,目前正在進行開發規劃,預計將在該園區導入 7 個
品牌,為碳佐麻里餐飲系列創造更上一層樓的發展布局。

左__餐桌桌面特地選用義大利磁磚打造而成,與原本使用白色琺瑯鍋相呼應。右__有你真好火鍋沙龍的靈魂湯底「黃金湯」,
襯托出食材原味的好口感。攝影__曾信耀

有你真好火鍋沙龍

開店計畫 STEP

2017
11 月

成立有你真好火鍋沙龍

品牌經營	
品牌名稱	有你真好火鍋沙龍
成立年份	2017 年 11 月
成立發源地／首間店所在地	台灣台南／台灣台南市中西區
成立資本額	NT.300 萬元
年度營收	NT.3,000 萬元
國內／海外家數佔比	台灣 1 家
直營／加盟家數佔比	直營 1 家
加盟條件／限制	尚無開放加盟
加盟金額	尚無開放加盟
加盟福利	尚無開放加盟

店面營運／成本表格	
店鋪面積	不提供
平均客單價	每鍋約 NT.500 元
平均日銷鍋數	不提供
平均日銷售額	NT.8 萬元
總投資	NT.1,600 萬元
店租成本	NT.10 萬元
裝修成本	NT.1,500 萬元
進貨成本	不提供
人事成本	不提供
空間設計	黑呂室內設計事務所

商品設計	
販售鍋品	個人火鍋、共鍋
明星商品	黃金湯、京都壽喜燒

行銷活動	
獨特行銷策略	無
異業合作策略	整併於碳佐麻里餐飲系列，消費滿千送百、滿五百送五十兌餐贈品券，可在碳佐麻里餐飲系列旗下品牌，碳佐麻里精品燒肉、TANGO 麻辣、有你真好火鍋沙龍及有你真好湘菜沙龍做使用

文｜楊宜倩　資料暨圖片提供｜但馬家涮涮鍋 TAJIMAYA

自創品牌引進頂級神戶和牛

重新定義火鍋鮮聚饗宴文化

2-2 集團旗下多元品牌經營模式

但馬家涮涮鍋
TAJIMAYA

在華人的飲宴排名中，火鍋這個選項即使不是第一肯定也在前三，湯頭、食材、食器、吃法、佐醬等，各地有各地的門道講究，「食不厭精，膾不厭細」的基因已深鑄在有能力品味生活的族群之中，文華精品為什麼要建構一個讓人來吃過會念想的火鍋品牌，故事要從 30 年前説起了。

台北文華東方酒店於 2014 年開幕，驚動了台北餐旅圈，標榜頂級奢華體驗與細緻入微的服務，名人到訪入住新聞，網紅、部落客開箱文排山倒海而來，談空間、談設計、談奢華、談美饌。2016 年 8 月，在文華精品 5 樓開幕的「但馬家涮涮鍋 TAJIMAYA」，不明就裡的人可能以為是引進日本某頂級涮涮鍋品牌，事實上但馬家是百分百的原創品牌，由董事長林命群組織的精英團隊，打造出突破火鍋店既定想像的「新品鍋文化」。

懂得高端消費市場想要的，再超越它

深諳高端餐飲消費並有其獨到見解的董事長林命群，30 年前就已打造過台北諸多餐飲娛樂品牌，如前中泰賓館的 Kiss Disco、Thai & Thai 等，但馬家涮涮鍋資深經理 Neil 受訪時提及，「對於要在台北文華東方酒店開一家火鍋餐廳，董事長林命群只説，不做國內對火鍋的想像。」

由「日本光影遊戲大師」橋本夕紀夫操刀設計的本館玄關星光大道，以日本摺紙藝術為空間設計概念，結合材質和燈光打造出令人驚豔的立面視覺效果之餘，也賦予隔間或藏酒區等機能。圖片提供__但馬家涮涮鍋TAJIMAYA

因應不同用餐情境需求，2館以大理石打造長桌桌型。
圖片提供__但馬家涮涮鍋TAJIMAYA

Brand Data

但馬家為文華精品的自創品牌，與日本最大和牛供應商但馬屋結盟，引進日本 A5 級肋眼神戶牛，注入精品飲宴文化思維與細膩服務，2016 年在台北文華東方酒店 5 樓成立但馬涮涮鍋，隔年 10 月在台北文華東方酒店 3 樓 2 館開幕，2019 年 1 月 MINI 於 ATT Rechange 開幕。品牌旗下除了涮涮鍋之外，還有但馬家鐵板燒等。

引進自日本兵庫縣知名和牛產地但馬的日本A5和牛，嚴選自然農法時令鮮蔬，由侍食師體貼入微的專人桌邊服務，讓饕客品嚐食物的本真風味。圖片提供__但馬家涮涮鍋TAJIMAYA

　　問及品牌核心價值與市場定位，Neil 果斷的說，品牌的核心就是董事長，對於他精準的眼光及細細琢磨的用心，感染了整個團隊對品牌的認同感與向心力。林命群常將他理解的高端生活品味及奢華體驗傳達給整個團隊，從餐飲的根本：食材，到空間、設計乃至於服務，每個環節都力求突破現有想像，期望帶給顧客超乎預期的體驗，以成為饕客心中鍋物餐廳榜首為目標。

引進頂級食材，將究極精神注入品牌 DNA

　　既然是火鍋，主打賣點肯定在那一鍋好料。但馬家的品牌命名，即源自日本百年肉商但馬屋，引進日本神戶牛 A5 等級肋眼部位，日本三大和牛皆源自血統純正的兵庫縣但馬牛，其中神戶牛為審核最嚴格的品牌，需經認證的生產者飼育，並經神戶肉流通推進協議會評鑑，才符合神戶牛認證，層層篩選下年產量僅 3,000 頭，不光是生產嚴謹，連購買都需要入會，以確保這些精心培育出來的食材能被善用。

提到湯頭，多數人先想到的是香料配方，或是用多種食材熬煮，但馬家則是回到源頭研究「水」，引進日本原廠製造的 PH8.5 弱鹼性還原水機，以 PH8.5 鹼性水為湯的基底，能中和鍋中酸性物質，達到酸鹼平衡。為能讓頂級食材能完全發揮，特聘日籍餐飲顧問佐藤富夫（Sato Tomio）擔任廚藝顧問，根據季節設計前菜，精選食材熬煮日式豚骨昆布湯底，為搭配但馬家牛小排及日本和牛特調的日式柚子醋及加入豆腐乳提味的胡麻醬。從食材的切工，烹煮入鍋方式及川燙時間等無不細膩考究，並安排侍食師桌邊服務，建構堅實的「商品力」。

吃鍋的態度，可以輕鬆也可以藝術

品牌定位為頂級鍋物又引進日本和牛，很容易讓人往日式風格聯想，要如何突破這樣的框架想像？

空間設計延請亞洲知名室內設計師橋本夕紀夫（Yukio Hashimoto）操刀，他素有「新東方前衛設計師」、「光影遊戲大師」美稱，擅長將傳統和現代在觀念上彼此對立的元素，透過線條比例及光影營造，既建構撼動人心的記憶亮點，更使看似衝突的元素共塑和諧畫面。

左__但馬家涮涮鍋本館的圓桌包廂，牆面運用燈光腰帶，讓上方的鏡面比例更顯拉長挑高，柚木人字拼貼地板延伸為牆板，搭配古木紋大理石圓桌，為聚宴時光增添感性溫度。右__打開隔屏，包廂可容納20位賓客用餐。恰如其分的燈光及抽風設計，讓用餐體驗舒適無異味，摺紙藝術的概念融入天地壁設計之中，選用實木、石材、金屬等真實材質，隱喻食材真實不欺。圖片提供__但馬家涮涮鍋TAJIMAYA

本館的設計以「日本摺紙藝術」為靈感，在摺疊與展開、平面到立體之間創造出光影表情，以古木紋大理石、柚木、不鏽鋼等真材實料建構空間，奢華精品的空間質感不言而明。摺紙可以是孩子遊戲的勞作，更是文化精髓的展現，也藉此一象徵，傳達品牌對吃鍋的態度，可以輕鬆享受，但每一環節都講究如藝術。除了制式菜單之外，也提供客製服務，根據目的、人數及預算設計和食料理搭配鍋物套餐，滿足各種宴客的需求。

藉由「設計力」與「服務力」貫穿品牌價值

但馬家的桌上之物，每樣都有故事：日本職人手工捶打銅鍋，導熱快速均勻，讓優質食材不會過度烹煮而流失營養，但手工打造費時費工，無法一次量產，而是完成幾個就從東京寄到台北；沾醬碟、筷架及碗碟餐具，現成品無法滿足優雅用餐的體驗只好訂製，餐皿杯盤為鶯歌知名陶藝家陳元杉老師燒製，其中一個單耳高碗，則是林董事長的堅持之作。為確保口感，火鍋湯需不時撈除涮肉的浮沫，設計餐具時為了讓侍食師便於作業，將盛裝浮沫的器皿設計為單耳高碗款式，不易潑灑不燙手。每個鍋都有專人服務，根據不同食材特性控制涮燙時間，讓客人品嚐到食材的最佳表現，在在讓服務者與體驗者都感受細緻入微的幸福奢華感。

經營團隊專業分工，員工認同理念服務才能到位

若以為但馬家全憑熱情投入不考慮經營那就錯了，叫好叫座的背後組建了專業的營運團隊擘劃經營藍圖。餐飲市場大也競爭，成本的掌控牽涉獲利，獲利則決定品牌能走多遠，對價感的拿捏是一門學問。高級肉品涉及層面很廣，因此大手筆引進日本和牛之餘，也提供澳洲 M9 等級和牛肋眼、不同部位美國牛肉，及日本掛川完熟酵母豬等，除了提供口味喜好上的選擇，也是分散風險，與各地信譽良好的供應商合作，免除生產過程來源疑慮，都是為品牌多一份保障。

人力資源也是考驗品牌的重要關鍵之一，尤其餐飲業第一線服務人員，經常決定顧客對品牌的第一印象，因此教育訓練既要有 SOP，又要

上＿＿本館座位區以日式摺紙紋樣發展的金屬隔屏界定空間，透過設計讓視覺感受較為隱蔽。左下＿＿以海鮮原產地水質及溫度打造的「藍海光鮮百寶箱」，以每分鐘上萬顆微氣泡增氧循環，依季節嚴選的各種海鮮，在顧客挑選的當下依然是最鮮活的狀態。右下＿＿2館的座位區營造較為開放的視覺感受，透過隔屏位置錯落保有各桌區隱私感。牆面也加入石材拼貼和象徵喜氣美好的紅色摺紙元素，營造更為活潑的用餐氛圍。圖片提供＿＿但馬家涮涮鍋TAJIMAYA

保有人性，在五星飯店的服務訓練已在水平之上，由於但馬家標榜專人桌邊侍食，達成細膩而不黏膩的服務，除了訓練更需要在員工心中建立認同感，能為客人著想。Neil 回憶第一個除夕夜，第一線服務人員是帶著和顧客一起圍爐團圓的心情上工，而不是算時間盼收工，餐廳帶給人的印象和氣氛就會截然不同。

二館及 MINI 延續品牌核心價值再創新，未來放眼海外市場

本館開幕後隔年，在文華精品 3 樓開設 2 館，除了延續本館品牌價值之外，耗資百萬設計訂製藍海光鮮百寶箱，兼具觀賞及養殖功能，使用整片無接縫玻璃及滿水位無水線設計，採用奈米科技濾材，不同水族箱依照不同溫度區分養殖不同海鮮，以最接近原生環境的溫度水況，保有海鮮的活力與鮮度。顧客也可直接與海鮮面對面接觸，在潔淨湛藍的水族箱包圍下，挑選上桌好料，也是令人記憶深刻的用餐體驗。

而走出文華精品在大直 ATT Recharge 落腳的「但馬家涮涮鍋 MINI」，為品牌之下的年輕路線，提供吧台座位、30 人聚餐等更多元的用餐服務，也有想吃不用揪伴單人鍋，享受自己涮肉大口吃的樂趣。海外店也在未來的藍圖中，目前採取直營方式經營分眾客群。讓客人在重要聚餐想到來但馬家吃鍋，是品牌成立起不變的待客初衷。

2019年1月於大直ATT Recharge全新開幕的但馬家MINI，為但馬家品牌旗下的年輕品牌路線，設有豪華吧台座位區，單人吃鍋隨時來，多人聚餐也有30人座的大包房。圖片提供__但馬家涮涮鍋TAJIMAYA

但馬家涮涮鍋 TAJIMAYA

開店計畫 STEP

2016 1月	**2016** 6月	**2016** 8月	**2016** 10月	**2017** 10月
開始籌備	進行裝潢	8/1 試營運，8/15 正式開幕	開始獲利	10/31 2 館正式開幕

2019 1月	**2019** 6月
推出年輕品牌—但馬家 MINI，1/25 於 ATT Recharge 開幕	構思海外分店計畫

品牌經營	
品牌名稱	但馬家涮涮鍋 TAJIMAYA
成立年份	2016 年
成立發源地／首間店所在地	台灣台北／台灣台北市松山區
成立資本額	NT.3,000 萬元
年度營收	約 NT.1 億 6 千萬元
國內／海外家數佔比	台灣 3 家
直營／加盟家數佔比	直營 3 家
加盟條件／限制	暫無開放加盟計畫
加盟金額	暫無開放加盟計畫
加盟福利	暫無開放加盟計畫

店面營運／成本表格	
店鋪面積	本館 80 坪（68 座位數）；2 館 110 坪（98 座位數）；MINI 118 坪（100 座位數）
平均客單價	每人約 NT.2,800 元
平均日銷鍋數	無
平均日銷售額	單店約 NT.15 萬元
總投資	約 NT.3,000 萬元
店租成本	NT.40 萬元
裝修成本	不提供
進貨成本	每月約 NT.90 ～ 100 萬元
人事成本	約每月 NT.100 萬元
空間設計	橋本夕紀夫

商品設計	
販售鍋品	日式豚骨昆布湯
明星商品	日本 A5 黑毛和牛、和牛牛小排、青蟳

行銷活動	
獨特行銷策略	創造眾多服務記憶點，期待成為顧客聚餐時的名單前三名
異業合作策略	參加文華精品旗下品牌精品卷方案，買 NT.25 萬元送 NT.5 萬元

文｜余佩樺　攝影｜江建勳　資料提供｜青花驕（王品集團）

2-2 集團旗下多元品牌經營模式

青花驕

隸屬王品集團的「青花驕」，於 2018 年 1 在台北市中山北路成立第一間門市，以「鮮麻椒香，解憂暢饗」作為口號搶進競爭激烈的麻辣鍋市場，替產業注入一股新流。

我吃辣我驕傲，就是要你吃出麻辣鍋新態度

解憂暢饗，享受鍋物的辣度與空間的好感度

細看王品集團在台的餐飲品牌數就高達 20 個，其中與鍋物相關就囊括了「聚北海道昆布鍋」、「石二鍋」、「12MINI」，不禁好奇怎想再推個新品牌進軍市場？

青花驕協理呂意真娓娓道來，集團針對內外環境做了市場機會與威脅分析，細看王品旗下已有中平、平價的鍋物品牌，唯獨中高價位尚未觸碰，於是展開市場調查，發現「麻辣鍋」是火鍋市場的主流，且台灣人不管春夏秋冬都愛嗑鍋，這些因素加深集團想耕耘的心，便決心成立青花驕品牌，搶攻麻辣火鍋中高價位這紅海市場。

親身經歷過才知道烹煮麻辣鍋真不簡單

從成軍到第一間店成立，呂意真坦言，「真的不容易……」

的確，台灣麻辣鍋市場競爭相當激烈，要如何能在短時間內追上競爭者，同時順利征服消費者的味蕾，著實不容易。雖說辛苦，但卻也沒有打倒呂意真與團隊們想搶攻的心。她回憶，「那時光湯頭就撂了一大

宋朝時期對火鍋有不少的讚揚，而宋代又以青花瓷聞名，從之中抽取出元素轉譯成設計投射至空間裡。攝影＿江建勳

青花驕協理呂意真。攝影＿江建勳

Brand Data

隸屬於王品集團旗下的青花驕，是集團在兩岸之間所建立的第 22 個餐飲品牌。以「鮮麻椒香，解憂暢饗」作為口號，搶進競爭激烈的麻辣鍋市場，目前全台共有 3 間直營店，分別在台北市、新北市、台中市插旗駐點。

左__設計者將7種不同紋理的磁磚，透過拼貼組合帶出山水潑墨畫意象。右__線條中揉入東方語彙與青色，藉由他們的牽引帶出不一樣的視覺感官。攝影__江建勳

跤……」「原以為麻辣鍋湯頭只要夠辣就好，但卻忘了吃麻辣鍋時還會再添加食物一起烹煮，煮久了湯頭味道會變淡，到最後還會呈現出苦味……」，味道仍是不對，呂意真與團隊整個大砸鍋重新來過。鍋砸了，但找味道的工作還是要繼續，後來到大陸上海研習，包含成都火鍋、重慶火鍋、港式火鍋……最終讓他們找到了青花驕麻辣鍋的靈魂──九葉青花椒。

　　這個「尋椒」過程讓呂意真有了很大的體悟，也憶起時任王品集團執行長楊秀慧的提點，所謂好的菜色設計，除了研發端、營運端也得一併納入考量。呂意真進一步解釋，「那時候只想著夠辣就好，但卻忽略了香料、烹煮過程這些活因子。」最後選用的九葉青花椒，不但香、麻、辣續航力足，還有提鮮作用，讓湯頭與食材鮮麻椒箱提升至全新層次。

從設計破解消費者對外出嗑鍋的痛點

　　青花驕成立時，自許要做一個消費者都喜歡的麻辣鍋品牌，為了貼

近顧客需求，至今展開百場試菜與消費者調查，了解消費者真正的需求外，也去找出他們吃麻辣鍋的「爽點」與「痛點」。

呂意真進一步解釋，消費者吃麻辣鍋便是希望能解憂暢饗，邊享受鍋物的辣度、空間的好感度，同時也能盡情地與友人聊天相聚。湯底辣度解決了，其次就是面對空間的思考。過往吃鍋經驗，總受限環境，不是過擠就是覺得吵雜，好不容易覓得這間 4 層樓又位處中山北路的精華地段，呂意真也希望能有所突破，打造不一樣的麻辣鍋空間。

經過集團內部無數次的腦力激盪、考察、消費者調查，團隊決議將店名緊扣在關鍵食材青花椒中。從中國歷史做進一步探尋，發現宋朝時期對火鍋有不少的讚揚，而宋代又以青花瓷聞名，便把這樣的概念傳達給齊物設計設計師甘泰來，而後就決定讓這些衍生產生連結，並轉繹成設計投射到空間裡。

空間以新東方美學概念為核心，在環境中設計者將 7 種不同紋理的磁磚，透過拼貼組合帶出山水潑墨畫意象，線條中揉入東方語彙與青色，藉由他們的牽引帶出不一樣的視覺感官。「心機就在沿樓梯而上的過程裡，正當爬得很累時再轉入座位區，絕對會有別外洞天的感受。」店內桌數並不多，原來在於呂意真希望提供顧客無壓又獨立的用餐環境，「盡

左＿空間裡利用端景，替環境增添寫意。右＿空間中留出寬敞的走道，無論顧客、同仁行走都很舒適。攝影＿江建勳

可能地在每個座位間加了隔屏，好讓用餐者在四方小天地裡盡情嗑鍋。」

　　店內傢具、燈具也別具巧思。團隊們設計的椅子，呈現出師椅、官椅不同形式，「雖說是張小小椅子，但這有倚靠的感覺就能提供食客多一點的舒適與安心。」至於燈具則是設計師取官帽意象呈現出來的巧思，相互交織於空間中，把東方寓意又再向上推升了些。近幾年隨智慧型手機興盛，臉書、Instagram 等社群媒體的興起後，「手機先食者」成為現下無可阻擋的趨勢。呂意真意識到這點，特別在每張桌子桌邊都設有插座，方便年輕世代愛滑手機需要充電的需求，也一改過去外出吃飯、嗑鍋常遇到手機沒電的窘境。

下、右頁__2樓共設有15張桌子，每個用餐區之間都有隔屏，讓用餐者能在四方小天地裡盡情嗑鍋。攝影__江建勳

開店一年半，全台擁有三家直營門市

　　首間店成立至今不到一年半的時間，青花驕已在全台擁有3間直營門市，分別為台北市、新北市、台中市。呂意真談到，當初首間店選址時，一直在台北、台中之間取捨，好不容易找到位在中山北路上的物件，而這兒也同屬火鍋市場熱門競爭地，便決定從台北先出發並以此作為品牌的起始點。後續又再前進新北市新店區，直到今年5月則正式插旗台中火鍋市場一級戰區。

　　身為台中公益路上進駐的店，青花驕也在思考如何突破。如何同中求異？差異化作戰？向來是餐飲業殺出重圍與生存的根本。呂意真想到，在台北、新北店內本就有銷售由九葉青花椒與新鮮美式啤酒花 Mosaic 組成的「青花椒啤酒」，罐裝形式在各店的反應一直不錯，因此這回進軍台中，特別再與啤酒頭合作引進青花驕生啤酒與各種限定啤酒，讓來吃鍋的人同時也能小酌一番。「選擇進駐便是看到發展機會，用差異創造屬於青花驕的優勢。」呂意真補充。

　　自許要做一個消費者都喜歡的麻辣鍋品牌的青花驕，開店至今已經歷上百場的試菜，至今呂意真與團隊仍持續革命、要求自己，就算開店，試菜動作仍未停，仍持續在辣度持續、豆腐如何更Q彈入味上做努力。最後問及青花驕的下一步？呂意真說，台北、台中、台南、高雄均是未來3年內擴點計畫的重點城市，待尋覓到適合物件就會盡快與更多消費者見面！

左__呂意真說，心機就在沿樓梯而上的過程裡，正當爬得很累時再轉入座位區，絕對會有別有洞天的感受。中__包廂座位區裡設有香料展示牆，空間所用吊燈是設計師取官帽意象呈現出來的巧思。右__青花驕的麻辣鍋以九葉青花椒為主，不但香、麻、辣續航力足，還有提鮮作用；一旁側是店內特有的青花椒罐裝啤酒。攝影__江建勳

青花驕（王品集團）

開店計畫 STEP

2018
1 月

青花驕
台北中山北店成立

2019
1 月

青花驕
新北新店民權店成立

2019
5 月

青花驕
台中公益店成立

品牌經營	
品牌名稱	青花驕（王品集團）
成立年份	2017 年 7 月
成立發源地／首間店所在地	台灣台北／台灣台北市中山區
成立資本額	不提供
年度營收	不提供
國內／海外家數佔比	台灣 3 家
直營／加盟家數佔比	直營 3 家
加盟條件／限制	無加盟
加盟金額	無加盟
加盟福利	無加盟

店面營運／成本表格	
店鋪面積	240 坪
平均客單價	NT.750 元
平均日銷鍋數	不提供
平均日銷售額	不提供
總投資	不提供
店租成本	不提供
裝修成本	不提供
進貨成本	不提供
人事成本	不提供
空間設計	齊物設計

商品設計	
販售鍋品	麻辣鍋
明星商品	青花椒麻辣鍋、牛三拼盛宴、青花驕特色綜合丸、鮮蝦滑、溫室手摘菇、青花椒啤酒

行銷活動	
獨特行銷策略	集團多品牌聯合開幕行銷活動。如：青花驕／原燒台中公益店夏日微醺派對
異業合作策略	持續與各銀行、行動支付、活動展場、職業團體進行異業合作

文｜余佩樺　攝影｜Amily　資料暨圖片提供｜橘色餐飲集團

2-2 集團旗下多元品牌經營模式／

橘色涮涮屋

成立於 2001 年「橘色涮涮屋」有台灣頂級涮涮鍋始祖的名號，最早由創辦人袁永定主理，而今逐漸改由一雙兒女橘色餐飲集團執行長袁悦苓與橘色餐飲集團執行長袁保華接手，兩人除了重新整頓內部也勇於「布新局」，傳承與延續初衷，同時也在瞬息萬變的市場中提升競爭力。

用細水長流精神，迎來品牌新的里程碑
嘗試新布局，觸及不同消費市場與客群

面對競爭市場，具差異化才有勝出機會。2001 年正當台灣在盛行吃到飽火鍋熱潮時，創辦人袁永定選擇反其道而行，以提供高檔新鮮食材、舒適的用餐環境，以及貼心的「代客剝殼」服務，成功地讓橘色涮涮屋與頂級火鍋品牌劃上等號，開業至今名聲始終屹立不搖。袁悦苓回憶：「最初，父親只是想把好服務導入餐飲業，讓消費者知道『原來到外頭用餐也能如此享受與感到舒適』。」不過，就當時的社會氛圍，這樣的理念未獲得迴響，袁保華補充：「剛開業的前 2 ～ 3 年橘色都是在賠錢……」「直到 2004 年 SARS 爆發，看似危機卻也是轉機，消費者開始對於食材來源、講究衛生等更加重視，而橘色的名聲也就是在那時逐步地建立起來。」

空間中可以看到設計者善用下照燈設計，以燈帶替空間引出柔和的氛圍。攝影＿Amily

橘色餐飲集團執行長袁保華（左）、橘色餐飲集團執
行長袁悦苓（右）。攝影＿Amily

Brand Data

隸屬於橘色餐飲集團旗下的橘色涮涮屋成
立於 2001 年，以新鮮食材、優雅空間與
貼心服務成為最大特色，更於 2017 年推
出精品小火鍋「Extension1 by 橘色」，
秉持初衷，提供始終不變的餐飲水準與服
務給消費大眾。此外，集團也延伸經營觸
角，旗下另有「M One Café」、「M
One Spa」、「Sakura 男女健康生活館」
等品牌。

2018年橘色涮涮屋進駐到百貨商場，試圖藉由商場的集客力觸及不同的消費端。橘色涮涮屋新光三越A9館同樣邀請日本建築師丹下憲孝親自操刀，藉由現代材質和語彙詮釋出竹林意象。圖片提供＿橘色餐飲集團

不禁好奇袁永定是憑藉什麼樣的信念仍堅持挺過初期的不理想？兩姐弟異口同聲說，「既然清楚是在做對的事情，他的信念就是選擇堅持下去，剩下的就是透過時間累積慢慢得到認同。」

補足原先家庭式管理的不足，讓補強、優化更臻完善

袁悅苓與袁保華均在美國求學，兩人坦言回台接手家裡事業原不在各自的人生計畫中，既然選擇回來幫忙，除了延續品牌初衷，再者也希望注入新想法，好能夠在瞬息萬變的市場中提升競爭力。

袁悅苓談到，「父親當時在創立橘色時，已將最關鍵的靈魂──『服務』導入，我與弟弟的接手則是補足過去不足的部分，讓整體可以更加完善。」會這麼說不是沒有原因，過去橘色的經營是採取家庭式管理為主，許多庫存、銷售，甚至是食材耗損等，都無法清楚掌握，兩人接手後在 2017 年導入 SAP Business ByDesign 雲端 ERP 系統後，不僅優化整個營運效率，對於成本控管亦有顯著效益，而這些清楚的數據也有利於決策甚至是後來展店的策略分析等。

另外在品牌延伸、拓點布局上，亦看到袁悅苓與袁保華試圖想走出自己的風格。橘色 1、2 館都座落在大安區，袁悅苓最初想走出大安區的念頭，是希望藉由進軍北市其他商圈，好觸及不同的消費端。最

先她在 2017 年帶著集團旗下「M One Café」品牌進入信義區貨櫃市集 Commune A7，「那次其實是個很好的經驗，不只我、連同仁對於信義區的消費屬性都有了一番認識。」「甚至連空間載體（貨櫃屋與店面）的經營也有了深刻的體悟⋯⋯」她笑著補充。

就在 M One Café 揮出漂亮一棒後，袁悅苓相中市場頂級單人鍋物的缺口，於同年帶著新成立的品牌「Extension1 by 橘色」進駐內湖商圈。她回憶，那時光是選點就花了 2 ～ 3 年的時間，幾度快要談成卻面臨房東突然喊卡，縱然當時心情受了不少波動，但她仍守著父親的堅持，「沒有準備好就不要貿然而行！」就連正式推出時，亦採取不急不徐的步伐，用過去橘色一貫的理念，讓客人願意上門甚至不斷回流。

橘色的另一項突破，則是袁保華成功地讓它進駐到百貨商場。原來早在多年前新光三越已力邀橘色進駐，但始終未獲得袁永定同意。袁保華認同袁悅苓的觀念，橘色絕不能只鎖定大安區客層，當新光三越再次提出合作意願時，同時也願意為了橘色延長營業時間，且也與酒吧品牌 Abrazo Bistro 合作，在候位區設置酒吧，導入來自美式餐廳的餐前酒概念，讓客人在等待入店前，能喝點小酒稍作放鬆，之後再入店品嚐鍋物料理。

色涮涮屋新光三越A9館特別與酒吧品牌Abrazo Bistro合作，在候位區設置酒吧，讓客人在等待入店前，能喝點小酒稍作放鬆。攝影＿ Amily

位於台北市內湖區的Extension1 by橘色，由於以精品小火鍋為訴求，在坐位設計上有單人鍋吧台區以及2樓多人包廂區。圖片提供＿橘色餐飲集團

善用現代感材質，延續過往竹林語彙與意象

兩人除了在品牌延伸下足了功夫，對於餐環境也別有一番用心。橘色涮涮屋新光三越 A9 館與 Extension1 by 橘色，延續橘色涮涮屋 1、2 館，同樣特別延攬日本建築師丹下憲孝親自操刀，「兩者保留橘色一直以來所強調的『竹林』元素，橘色涮涮屋 1、2 館都是使用真的竹子來表現意象，但隨時代的不同，為讓空間調性能與現代氛圍更貼近，設計者利用材質做轉化，分別以金屬、鋁條呈現出竹的語彙。」袁悅苓補充著。兩空間均以日本的「竹庭茶屋」作為設計靈感，運用大量的金屬元素呈現橘色的優雅精緻，以截然不同的角度詮釋出所謂的現代和風調性，讓顧客彷彿置身於竹林之中，從視覺到味覺不同方式加乘用餐時的美好感受。

在橘色涮涮屋新光三越 A9 館，提供有獨立包廂、半開放隔簾式包廂及單人鍋吧台區，好滿足不同類型的顧客需求；至於 Extension1 by 橘色則主要為單人鍋吧台區，與 2 樓多人座包廂區。值得一提的是，Extension1 by 橘色將單人鍋從吧台式改為桌上型，好讓相關服務是能直接在客人面前進行；設計者考量人員必須不斷地在吧台之間走動，特別留出 80 公分的走道，讓人員在行進間不會受到干擾或影響。

除了善用材質形塑竹林意象外，也可看到丹下憲孝在燈光照明部分的著墨。著重於重點式照明，投射燈部分主要用於桌面採用，清楚照亮食物與桌面；另外也善用下照燈設計，以燈帶引出柔和氛圍，同時也給予顧客安心用餐的環境。

專注培育人才，做到永續與傳承

袁悅苓與袁保華回台接手後，坦言也看到一些經營上的問題。袁保華解釋，「過去的橘色只有那既定的店數，而一家店的高階主管也只有少數幾位，當人員無法再有機會往上升時，他們也只能選擇出走，進而形成所謂的人才流失。」他進一步分析，「當我們意識到這些問題時，選擇回過頭看看自身的品牌精神——用心、永續、創新，也才促使後來相繼創立新品牌 Extension1 by 橘色以及進駐百貨開設橘色涮涮屋新光三

越 A9 館，這不單只有延續品牌優勢，更重要的是希望能藉由拓點展店帶動員工同仁升遷管道，讓好的精神能永續與傳承下去。」

　　兩人的接手，便是希望能一起帶著同仁們往前走，唯有大家齊心才能到達更好的目標與位置。袁悅苓在父親身上看到員工緊跟隨的心，也使得她願意花時間與人員進行溝通，也許不一定有回報，但就如同袁永定的信念，既然是做對的事那就選擇堅持下去！橘色分別在 2017、2018 年推出了展店，原本有意在今年推出展店計畫，但意識到每開一家店後備建置必須完善才能跟得上營運，因此決定今年以「顧本培員」為主，加強培育同仁的訓練，讓管理、服務能力再向上提升到一定程度，預計等更多的準備完成後再做展店的推動。

橘色涮涮屋新光三越A9館，供有獨立包廂、半開放隔簾式包廂及單人鍋吧台區，以滿足不同類型的顧客需求。攝影＿Amily

橘色刷刷屋以高檔精緻的日式鍋物為號召，成功征服不少饕客的味蕾。圖片提供＿橘色餐飲集團

橘色涮涮屋
開店計畫 STEP

品牌經營	
品牌名稱	橘色涮涮屋
成立年份	2001 年
成立發源地／首間店所在地	台灣台北／台灣台北市大安區
成立資本額	不提供
年度營收	不提供
國內／海外家數佔比	台灣 3 家
直營／加盟家數佔比	直營 3 家
加盟條件／限制	無加盟
加盟金額	無加盟
加盟福利	無加盟

店面營運／成本表格	
店鋪面積	約 70 ～ 100 坪 （以橘色涮涮屋為例，視地段不同）
平均客單價	約 NT.1,600 元
平均日銷鍋數	不提供
平均日銷售額	約 NT.20 ～ 50 萬元
總投資	約 NT.1,000 ～ 2,000 萬元
店租成本	不提供
裝修成本	約 NT.1,000 萬元
進貨成本	約 40 ～ 45%
人事成本	約 30%
空間設計	日本建築師丹下憲孝

商品設計	
經營商品	日式涮涮鍋、精選肉品系列、活體海鮮
明星商品	和風青蟳套餐、御海海鮮套餐、美國頂級牛小排套餐、杏仁豆腐、黃金粥

註：以橘色涮涮屋 1 館、2 館及新光三越 A9 館為資料來源基準

行銷活動	
獨特行銷策略	全年無折扣，以口碑行銷為主力
異業合作策略	無

文｜洪雅琪　攝影｜Peggy　資料提供｜肉多多全球股份有限公司

憑藉獨立漁獲肉品通路優勢，成為高 CP 值火鍋新秀

重視網路社群力量，打造品牌曝光旋風

2-3 食材供應商自營品牌經營模式／
肉多多火鍋

「肉多多全球股份有限公司」創始人趙懿婷原本從事 20 餘年通訊業，2 年前決定轉戰餐飲業，憑藉家族 50 多年的漁獲通路經驗，創辦人挾帶自身市場優勢創立了肉多多火鍋，打出能提供產地直送的新鮮漁獲及優質肉品為號召，品牌創立不久立刻成為火鍋界新寵兒。

當初創始人選擇從通訊業轉戰經營火鍋業主因在於設立門檻較低，不像其他餐飲需要專業廚師料理，且因本身擁有食材貨源通路，能提高取貨便利性，增加市場競爭力優勢，再者發現到研究指出兩性在餐飲選擇上，女性會偏好法式料理餐或高級鐵板燒，男性則會偏好熱炒，但火鍋卻是兩者接受度相對高的飲食，這也是為什麼選擇火鍋店為事業第二春的原因。

憑藉網路社群力量，創造品牌打卡風潮

　　成軍不到 3 年的「肉多多火鍋」品牌，因趙懿婷長期擁有熟悉的漁獲肉品通路，掌握食材上游鏈，故進貨價格成本低，相對能提供消費者更多的肉品份量，也因肉品份量大影響擺盤效果，因此店內的「暴龍大

獨立區隔自助食材區與出菜口，方便消費者取用醬料飲品時不影響主要用餐區。攝影＿Peggy

肉多多全球股份有限公司南一區區經理陳志成（右）與南二區區經理曾建興（左）。攝影＿Peggy

Brand Data

由長期經營海鮮漁貨的趙懿婷歷經多年推出的肉品專賣店火鍋品牌，主打高 CP 值大份量的肉品食材，配合時下流行打卡趨勢，肉多多火鍋以原始暴龍 1 代店與風格 2 代店持續擴展在台事業版圖。

重視空間動線流暢度與視覺通透性，方便服務人員能迅速察覺消費者需求。攝影＿Peggy

肉盤」主視覺在推出之際便造成一股熱門打卡旋風，而如何在火鍋市場中定位品牌價值，肉多多全球股份有限公司品牌行銷公關徐家瑜經理認為，「肉多多想傳達給消費者的核心價值如同品牌名稱，我們提供單人也可以嗑鍋的選擇，卻能享有比一般涮涮鍋店更豐富的肉品份量，以親民價格獲得高 CP 值的鍋物料理。」

在採用暴龍大肉盤作為行銷手法成功吸引注意後，肉多多也搭上新世代網路社群潮流並掌握當今消費者的科技使用習慣，憑藉社群行銷法如 Facebook 打卡、IG Hashtag 來提升網路觸及率，吸引消費者好奇，另外以口碑行銷法與具有影響力的網紅合作，繼而推薦給粉絲，透過這兩種管道讓品牌持續曝光，效果比傳統廣告更加快速散播品牌知名度，進而形成新鍋物潮流。

堅持直營模式展店，確保食材品質統一

　　而開業至今的 34 間門市，肉多多火鍋始終堅持全直營型態展店，因創辦人曾在過往經驗體悟到加盟店的經營苦處，例如投資後直營店只負責供貨不負責培訓，造成加盟門市品質下滑，消費者回流比例低，故品牌並無考量加盟店的發展。

　　另徐家瑜談到在台灣北部與南部的展店差異，以台北為例，市區捷運的便利性與可及性打破地理位置的隔閡，提高消費者到門市的易達性，因此設立在捷運站出口附近的門市，區域差異性相對較低；中南部相對重視人口密集度調查與同質性市場分析為主，展店位置多選擇在街角，方便吸引兩側人潮注意，也因為公共交通不如台北密集，會提升區域市場競爭性，因此門市也會避免彼此距離過近瓜分消費客群。

提供良性競爭環境，打造「朝令夕改」企業文化

　　創始人認為面對消費者的服務之道不僅一種模式，即使是同個問題也有百種解法，故公司成立至今時常變化指導原則，當執行既有方法有疑慮時應立即修正，觀察期過長只會提高團隊人力內耗，秉持管理模式有即刻修改的彈性，並以「朝令夕改」看似負面的詞作為公司企業文化。

消費者在用餐時透過落地窗感受戶外景觀，享受更放鬆的用餐環境。攝影＿Peggy

牆面以法式熱帶雨林風格作為主視覺，清爽的設計構圖搭配淺色桌椅，烘托整體浪漫情懷。洗手間另增設小型休憩區並提供相關女性用品，從細節照顧消費者需求。右下＿肉多多火鍋以大肉盤主視覺吸引顧客打卡，高品質食材吸引消費者口碑相傳。攝影＿Peggy

肉多多全球股份有限公司南二區區經理曾建興說，當初面試時所有同仁皆須舉例從小到大得過前三名的事蹟，因為創始人認為員工需要受到肯定才會有進取的心，也突顯品牌非常重視人格特質，甚至採用重賞重罰的模式帶領團隊，各門市每月都會選出 2 成的優質員工以實質獎金獎勵，再於每月的全國聯合月會進行頒獎，故員工訓練一直是品牌願意花成本投資的。

而因企業文化提供同仁間相互良性競爭的環境，故外場服務生更加重視服務品質，促使明星店員、店長的誕生，徐家瑜笑說，「特別是很多家庭會指定服務人員，這是對員工工作態度的肯定，也樂見他們能長期駐店服務。」

一店一風格，人人都可當網美

從重視新世代客群動態到高度彈性的企業文化，肉多多火鍋希望透過展店策略將品牌注入更多生命力，未來展店風格會持續採兩種方向進行：原始 1 代店仍會以大肉盤跟暴龍為主視覺；2 代店則是拓展多元的設計風格，以「一店一風格」的理念配合行銷策略吸引客群前來消費，讓原本打卡都是大肉盤的形式演變成人人皆可拍出不同的肉多多火鍋風格。

徐家瑜以台南安平區怡平店為例，法式熱帶雨林風格的靈感原先來自一旁的台南市政府外的大片綠地，綠蔭盎然的休憩空間營造放鬆的感受，呼應店內柔和的草綠色調，原店前身同樣是火鍋店，因此當初頂店時已將所有設備進行全盤評估與補強，除了水電管線、抽風系統、截油槽……等，店內的石磚地板也因為適合本店風格而保留，有別於一般火鍋店考量耐髒因素而以暗色調為主，肉多多怡平店選擇打造一處彷彿沙龍咖啡廳般的火鍋用餐環境，徐家瑜說，「品牌行銷都會經歷浪頭期，因此對內要優化團隊效益，對外則要隨世代日新月異變化，讓消費者感受到品牌的成長。」

肉多多火鍋
開店計畫 STEP

	2016 11 月	2016 12 月	2017 1 月	2017 3 月
	開始籌備	進行裝潢、肉多多松山健康店正式開幕	進入火鍋旺季加強銷售、獲利開始逐漸累積並構思分店開店計畫	肉多多第二間分店開幕

品牌經營	
品牌名稱	肉多多火鍋
成立年份	2016 年
成立發源地／首間店所在地	台灣台北／台灣台北市松山區
成立資本額	NT.2,500 萬元
年度營收	2018 年 NT.12 億元
國內／海外家數佔比	台灣 34 家（北部 23 家、中部 5 家、南部 6 家）；海外籌備中
直營／加盟家數佔比	直營 34 家
加盟條件／限制	小開放加盟
加盟金額	不開放加盟
加盟福利	不開放加盟

店面營運／成本表格	
店鋪面積	50 ～ 230 坪
平均客單價	每鍋約 NT.520 元
平均日銷鍋數	不提供
平均日銷售額	約 NT.10 萬元
總投資	約 NT.200 ～ 500 萬元
店租成本	約 NT.10 ～ 30 萬元
裝修成本	設計裝修 NT.150 萬元 設備費用 NT.150 萬元
進貨成本	約 NT.30 萬元
人事成本	約 NT.80 萬元
空間設計	委外設計公司

商品設計	
經營商品	招牌川府香辣鍋、石頭蔬活鍋等各式優選火鍋
明星商品	招牌川府香辣鍋、石頭蔬活鍋

行銷活動	
獨特行銷策略	點套餐送肉 1 盤，打卡分享再送一盤肉
異業合作策略	「中信 ATM」贈品，或是配合健身工廠憑證送肉

文｜陳頤如　攝影｜Amily　資料提供｜前鎮水產火鍋市集

2-3 食材供應商自營品牌經營模式／
前鎮水產火鍋市集

位於台北市西門町精華地段——德立莊飯店地下 1 樓，藍色垂墜燈光吸引人們的目光，讓人不知不覺走入宛如星光大道的樓梯，接著映入眼簾的是日式庭園，這裡不是日本，而是「前鎮水產——海霸王」的入口造景。有別於一般超市火鍋給人擁擠、侷促的印象，店內設有 320 個座席，讓客人能在最舒適的狀態下用餐。

集合品牌於自家飯店，共用食材不浪費

前鎮海港新鮮直送，火鍋超市鮮買現煮

許多人聽聞海霸王要進軍超市火鍋市場，且名為「前鎮水產」，紛紛前往高雄嘗鮮，結果卻撲了空。事實上，取名為前鎮水產的緣由是，希望未來透過品牌的採購物流能力，將高雄最大魚港捕獲的第一手生鮮直送到消費者面前。

為了擴張餐廳品牌，海霸王集團充分運用空間優勢，將營運績效極大化，在德立莊飯店切分出不同的品牌區域，1 樓是平價個人火鍋「打狗霸」與冰品店「ICE PAPA」以及中庭排餐，地下 1 樓則專屬於前鎮水產。「現代人自主性比較強，不喜歡商家事先配好的菜盤，想吃什麼才買什麼，但以往的火鍋店無法提供客製化的享受，於是我們決定挑戰開間超市鍋物。」負責海霸王集團旗下旅館飯店與餐飲事業的城市商旅總經理李慧珊表示。

前鎮水產不論是動線規劃還是位置舒適度，都略勝於市面上其他超市火鍋，讓人好像置身在日本料理店吃火鍋。攝影＿Amily

海霸王集團總經理李慧珊。攝影＿Amily

Brand Data

2019 年 2 月海霸王創立台北市最大水產超市鍋物，結合超市與火鍋，提供豐富海鮮、肉品、丸餃、蔬菜……等超過 300 種各式生鮮食材給消費者，甚至提供即食壽司、手工甜點與飲料，讓消費者有更多不同的購物享受。

左＿＿跟著工作人員指引，走入佈滿藍色垂墜燈光樓梯，讓人忍不住拿起手機按下快門。右＋右頁圖＿＿走下台階的右側，會看到彷彿日本庭園的造景，結合德立莊飯店的優勢不言而喻。攝影＿＿Amily

考慮到煮火鍋的不便性，以及食材選擇多樣性，前鎮水產的概念就此誕生。「1、2 個人在家中很難煮火鍋，光是準備食材就要花費一些時間，來到前鎮水產，直接選購處理好的食材，馬上可以吃到自己配搭的火鍋。另外，也希望讓國外的旅客在飯店能體驗到現買食材，用創意調配鍋物的感受。」李慧珊補充說道。

精心設計擺盤與動線，讓人彷彿置身超市

談及品牌經營最大的挫折，李慧珊坦言，「奉勸要開火鍋店的人，千萬不要開超市火鍋店，光是處理 300 多種食材，分門別類秤重包裝就讓人傷透腦筋，也因此在開店初期的食材耗損量相當高。」首先是擺盤，要選什麼樣的盤子才會讓人有衝動去購買，因此擺放食材的盤子換過不計其數，再來是品牌標榜多種食材任君挑選，櫃面上陳列的商品不能太少，放太多又怕食材壞掉，補貨時要觀察店內來客數，才能補得剛剛好。另外，本以為產品只要人工包裝即可，但考慮到呈現出來的樣貌不一致，大手筆購入 2 台包膜機；讓食材與食材之間不會有交疊汙染等問題。

　　「超市火鍋的陳列和超市不一樣，因為不只是陳列商品給客人看，還要吸引客人伸手去拿。」李慧珊強調。不論是動線規劃還是食材擺放的形式，前鎮水產都會觀察消費者購物習性持續調整，才有如今的樣貌，像是超市正中央擺的是搶眼的肉類與蔬菜，右側是日式料理、壽司與海鮮，左側則是甜點與飲料。

不擔心火鍋市場飽和，深入調查尋找賺錢利基點

　　超市火鍋如雨後春筍般不斷地開，李慧珊表示，前鎮水產並非趕熱潮開店，而是經過縝密的市場調查，努力蒐集市面上所有超市火鍋的價格、銷售品項，相互比價，也考量店面設計、食材選用、外食人口數量……等，分析多重因素都符合營運目標，才決定開業。

　　「西門町分成萬華區與中正區，兩個區域距離不遠，但客群完全不一樣，中正區的客層年紀稍長，萬華區的客群相對年輕，因此，接下來打算在昆明街開 2 號店。」李慧珊談到，年輕客群比較喜歡嚐鮮，自主性也較高，對於超市火鍋的接受度會比年長族群還高，是推廣超市火鍋的主要對象。除了擴大原有客源外，前鎮水產未來將會推出打包外送服務，讓你不用出門也可以輕鬆吃火鍋。

餐廳的整體設計偏向日式禪風，與一般超市火鍋的用餐環境做出很大的區隔。前鎮水產最著名的就是生鮮，門口的招牌全是以魚蝦蟹蚌類展示，吸引人群一探究竟。攝影__Amily

店與店之間互相協助,將營業額極大化

「前鎮水產的採購都是直接向果菜市場、魚市場批貨,也因此知道當令食材是什麼,採用當令的食材,不僅便宜又好吃,還對人體健康有益處。其實各個餐飲行業都一樣,如果能降低原物料的買進成本,餐廳的獲利就會高。」李慧珊指出,只要巧妙運用集團的採購力,就能增進品牌營運力。

以德立莊飯店來舉例,在同一個區域裡,先經營一間品牌看看市場反應,由大市場慢慢切分出不同屬性的客層,首先開了打狗霸個人火鍋,再開 ICE PAPA 冰品店,接著再開中庭排餐,最後才是前鎮水產,讓喜歡吃套餐火鍋、冰品、超市火鍋、排餐的人,都能來到這間飯店享用美食。此外,4 間品牌的食材可以互相支援共用,把食材耗損率降到最低。

海霸王集團挾著自有資產與建設公司的資源,省下租金、設計費、裝潢費,將省下來的錢回饋到消費者身上,平價消費對年輕與家庭客層極具吸引力,李慧珊表示,除了持續服務在地客人,也會積極開發多元市場,創造更多滿足大眾的複合式店型。

動線規劃與擺盤都經過精心設計,讓消費者一走進店面就直接被繽紛的肉品和蔬菜所誘惑。除了300多種生鮮食材可供挑選,還有「ICE PAPA」主廚手工製作的水果冰品,讓超市火鍋的體驗更添趣味。圖片提供＿攝影＿Amily

前鎮水產火鍋市集

開店計畫 STEP

2018 11 月	2018 12 月	2019 2 月
開始籌備	進行裝潢	正式開幕

品牌經營	
品牌名稱	前鎮水產火鍋市集
成立年份	2019 年
成立發源地／首間店所在地	台灣台北／台灣台北市中正區
成立資本額	不提供
年度營收	NT.7,200 萬元
國內／海外家數佔比	台灣 2 家
直營／加盟家數佔比	直營 2 家
加盟條件／限制	無加盟計畫
加盟金額	無加盟計畫
加盟福利	無加盟計畫

店面營運／成本表格	
店鋪面積	220 坪
平均客單價	每鍋約 NT.450 元
平均日銷鍋數	不提供
平均日銷售額	NT.20 萬元
總投資	不提供
店租成本	不提供
裝修成本	不提供
進貨成本	不提供
人事成本	不提供
空間設計	海霸王集團

商品設計	
經營商品	超市火鍋
明星商品	無

行銷活動	
獨特行銷策略	1. 試營運期間，購物滿 NT.880 元即贈送青龍蝦 1 份。 2. 4 月期間，買 NT.799 元，即贈送 A5 和牛 1 份。 3. 深夜時段享有 85 折優惠。
異業合作策略	無

文｜余佩樺　攝影｜Amily　資料提供｜撈王（上海）餐飲管理有限公司

找到市場缺口，開創鍋物市場新藍海

現熬、手工、匠心，讓差異又再往上提升

2-4 海外品牌經營模式

撈王鍋物料理

大陸餐飲業第一競爭的紅海市場，火鍋當之無愧，但想在競爭市場中突圍，夠差異化才有機會出線。2009 年成立大陸上海的「撈王鍋物料理」，創始人之一趙宏澤將豬肚雞轉化為煲湯鍋物，成功做出區隔，現今足跡已遍及華南、華北、西北、西南以及台灣市場，殺出鍋物市場新藍海。

豬肚包雞是大陸廣東省傳統的地方名菜，又名豬肚煲雞。撈王鍋物料理創始人之一趙宏澤在品嚐過這好滋味後，當時市場還未出現廣式煲湯與傳統火鍋結合的產品，趙宏澤便在 2009 年將這項餐飲轉化為煲湯鍋物，從廣東帶到進了上海，走出鍋物的另一條路。

經營也要接地氣，從消費文化做調整

撈王鍋物料理首席執行官 CEO 廖志偉談到，有別於市場上多數人所熟悉的麻辣鍋、酸菜白肉鍋、港式火鍋……等，豬肚煲雞鍋物健康、養生，開始受到市場關注，也成功地補齊市場缺口。

趙宏澤與廖志偉是道道地地的台灣人，投入後發現，海外開店實屬不易。廖志偉坦言，「這一路也是跌跌撞撞走了過來……」原以為食物

空間多使用低彩度材質，沉穩調性並伴隨燈光流轉，清楚揭示出用餐空間的層次。攝影__Amily

撈王鍋物料理首席執行官CEO 廖志偉。攝影__Amily

Brand Data

2009 年成立於大陸上海的撈王鍋物料理，主要提供煲湯鍋物料理，以胡椒豬肚雞最為知名。除經營華東市場，另也成功進軍北京、深圳、武漢、西安、重慶、安徽、陝西等地，足跡遍及華南、華北、西北與西南市場。2007 年鮭魚返鄉在台北市信義區成立台灣分店，預計今年將實現店家數達百家的目標。

開放、透明的廚房設計，讓顧客可以親眼所及熬湯與備料作業的過程。攝影＿Amily

本身好吃就足矣，沒想卻未能帶來太大作用，再加上當時品牌甫剛成立沒什麼知名度，要吸引消費者目光，更不是件容易的事。深入瞭解後才發現到台灣與內地民眾的飲食文化不大相同，內地顧客至餐廳用餐時，講究環境與氛圍，於是他們重新歸零把過往觀念放掉，嘗試從當地使用者做思考，接著再從幾個面向做調整，針對環境從餐廳空間著手，試圖在店鋪裡揉入設計，營造出火鍋圍爐團聚、歡樂、舒適的感受；針對氛圍則是從吃法切入，提出所謂的「一煲四味」獨門吃法，每一味層層遞進，食物搭配湯頭，有著不同的口感。清楚知道問題並做了調整，約莫開業頭一年後、開設到第三家店時，整體才逐漸步上軌道。

願意投入與培育，把人才留在企業裡

撈王以煲湯鍋物成功地與市場做出區隔，如何守住這項差異變得格外重要。對此，廖志偉與團隊用「現熬」、「手工」、「匠心」守住差

異也穩住品牌定位。明瞭湯底是火鍋的靈魂，廖志偉說，撈王裡的每一份豬肚雞湯底，都堅持用 8 小時大火熬煮，並規定各店當天親自現熬；嗑鍋必吃的丸子配料，拒買現成、拒摻入任何添加劑，改由廚師手工製作而成，留心小處，用匠人精神要求同仁。

不過，這樣做成本不就提高？廖志偉解釋，「如果只是機械性的重複拆包裝、加熱，那廚師就會淪為廚工……」「這樣做的確會使成本增加，成本上升並非只有負能，從正能角度來看，能讓廚師學有技藝、保有價值，為何不堅持？」

後續相繼成立研發中心、食品工廠等，一部分是確保食品安全、加強把關，另一部分則是讓同仁都能有所學習、成長以及突破。「『人』對企業而言有著重要的價值，投入培育、幫助他們找到存在價值，自然會願意留下來，對企業反而獲得更大的利潤，甚至成為一項重要的資產。」

店內設有吧台，提供消費者不一樣的飲品服務。攝影＿Amily

台灣分店在空間設計上有別以往，以聖經馬太福音章節內的光鹽傳說為主軸，藉由設計加以轉換成空間元素。攝影＿Amily

不敢求快，穩紮穩打跨出每一步

　　廖志偉認為，人是企業重要的資料，更關乎到後續的發展布局，這也是為什麼撈王鍋物料理後續會成立研發中心、食品工廠等，甚至在人員培訓上也有一定的流程制度，好讓同仁們可以一個階層、一個階層地累積實力到向上磨練。「決定擴展一間店，除了好地點，強大的人力與後備資原也很重要。」廖志偉會這麼說不是沒有原因，因為在 2017～ 2018 年前，撈王鍋物料理仍給人專經營華東市場的品牌印象，直到 2018 年底~ 2019 年，才陸續插旗重慶、西安、深圳……等地，版圖遍及華南、華北、西北與西南市場。「就算有好的市場地點，但缺乏完善的後援人力，仍不敢貿然而行……這也是為什麼我們展店上，速度不快、步步為營的原因。」的確，光是決定回台經營，前後籌備期就化了一年的時間，直到 2017 年才回台灣設點。

　　台灣首店落腳於台北信義區 ATT 4 FUN，這裡的客群與品牌所設定年齡層區間（25 ～ 28 歲）符合，再加上交通便捷、消費力道夠，便決定設立於此。選擇回台開分店，廖志偉希望能把味道盡可能地原汁原味呈現，但礙於食材上的取得，不過核心仍不變，部分則選以台灣當地食材為主，讓口味、口感能被國人所接受。

此店在設計上有別以往，以《聖經》馬太福音章節內的光鹽傳說為主軸，藉由設計加以轉換成空間元素。不以實牆劃分區域，改以數片結晶切割玻璃做隔間，巧妙穿插其中，再伴隨光的牽引，帶出不一樣的視覺維度，而這玻璃屏風背後亦兼具傳遞出聖經中光與鹽融合之意涵。中央座位區以數座十字型黃銅細線吊燈，弧形線條融合油燈曲線，拉出聖經中以油燈引領前路的意涵。整體空間裡多以低彩度材質為主，沉穩調性，伴隨燈光流轉，再一次揭示出用餐空間的層次。

品牌成立十週年，致力上下游供應鏈的整合

若有留意撈王鍋物料理的官網，登入時，會出現不再開放加盟的公告，當品牌走到一定的時間與程度，總會希望開放加盟再讓品牌或企業更壯大，讓人好奇為何撈王卻不這樣做？廖志偉解釋，團隊想要朝永續方向經營，因此曾短暫開放過，但陸續在 2015 ～ 2016 年加盟合約到期後就不再開放，目前全為直營門店。

2019 年是撈王鍋物料理品牌成立的 10 週年，廖志偉說，今年除了定調為全面跨入大陸地區外，也致力在上下游供應鏈的整合，例如增加契作、養殖……等，除了能更清楚、全面地掌控食材品質與數量，進而有效控制成本。此外預計今年也將實現店家數達百家的目標，更在做好一切準備後，逐步再往亞洲其他國家展店，把好撈王鍋物料理品牌讓更多人看見！

店內所選用的食材，不管是肉類、菇類，都藉由透明式冰箱展現出來，加深消費者對食的安心。攝影＿Amily

撈王鍋物料理

開店計畫 STEP

2009

成立養生鍋物「撈王」品牌

品牌經營	
品牌名稱	撈王鍋物料理
成立年份	2009 年
成立發源地／首間店所在地	大陸上海市／大陸上海市
成立資本額	不提供
年度營收	不提供
國內／海外家數佔比	大陸家數洽品牌；台灣 1 家
直營／加盟家數佔比	洽品牌
加盟條件／限制	無加盟
加盟金額	無加盟
加盟福利	無加盟

店面營運／成本表格	
店鋪面積	158 坪
平均客單價	不提供
平均日銷鍋數	不提供
平均日銷售額	不提供
總投資	不提供
店租成本	不提供
裝修成本	不提供
進貨成本	不提供
人事成本	不提供
空間設計	不提供

商品設計	
經營商品	洽品牌
明星商品	胡椒豬肚雞、爆漿手打蝦丸、會唱歌的煲仔飯、馬蹄竹蔗水、火焰麻辣鍋

行銷活動	
獨特行銷策略	洽品牌
異業合作策略	洽品牌

Chapter

03

火鍋市場經營與
設計規劃重點

眾人爭相投入的火鍋產業，其有必知經營須知以及設計重點，本章節切出
「Part3-1　火鍋市場經營重點」、「Part3-2　火鍋空間設計重點」兩大面向來
做說明，有方向、規劃性地準備火鍋開店大小事，做好生意也做好設計。

Part3-1　火鍋市場經營重點

◎ 品牌定位
◎ 經營商品
◎ 營運方針
◎ 店鋪布局
◎ 物料管控
◎ 行銷推廣

Part3-2　火鍋空間設計重點

◎ 外觀設計
◎ 主題風格
◎ 座位動線
◎ 設計規劃
◎ 設備管線
◎ 照明材質

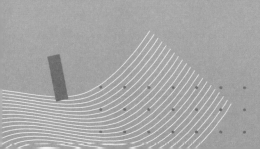

文、整理＿余佩樺　攝影＿ Amily、Peggy、江建勳
專業諮詢＿實踐大學餐飲管理學系專技副教授兼系主任高秋英、福華國際文教會館中餐主廚林玉樹、福伯本草養生屋技術長盧俊欽

火鍋市場經營重點

火鍋大眾化、經營門檻低，所需資金及進入障礙少，不只創業者趨之若鶩，各大餐飲集團也都爭相投入，使市場競爭愈趨激烈。特別羅列出火鍋空間經營必知的幾項重點，分從「品牌定位」、「經營商品」、「營運方針」、「店鋪布局」、「物料管控」、「行銷推廣」等六大面項做說明，提供作為進入市場前的參考。

品牌定位

01
找出市場定位
做規劃與決定

經營火鍋產品同樣需要樹立定位，才能在消費者心中佔有一定地位，若不建立定位無法在市場中出線，那就有可能錯過打敗競爭對手的機會。

替火鍋產品找定位
從不同面向替火鍋找到定位，如「檔次」（如高、中、低檔……等）、「功效」（如小火鍋、滋補火鍋……等）、「源起」（如川味火鍋、蒙古火鍋……等）、「經營」（如餐廳火鍋、自助火鍋……等）。

定位要與價值連結

實踐大學餐飲管理學系專技副教授兼系主任高秋英指出,在做品牌定位時一定要跟品牌本身的核心價值產生連結,依著這個價值觀才能依短、中、長期做出不同的決定與規劃,如此一來才能讓品牌能持續、永續的發展下去。

02
根據定位找到品牌
的自我價值

品牌價值是品牌管理要素中最為核心的部分,同時也是區別與同類競爭品牌的重要標誌。

從縱、橫向去做思考

品牌價值可以從縱向或橫向來做不同的思考,前者偏向吃火鍋的單純行為,即從鍋物食材、用餐環境到服務,每一環節做好把關呈現給消費者;後者則是從鍋物或湯底又再衍生出其他商品,讓吃鍋不再需要排隊等待,透過外賣或賣場採買即時就能買的到、吃的到。無論是從縱向找到深度,還是橫向找到廣度都有其堆疊價值的優勢,端看品牌的定位與當下發展再做取決。

王品集團旗下火鍋品牌青花驕。攝影_江建勳

2013年成立的辛殿麻辣鍋，以平易近人的吃到飽收費門檻，提供新鮮好吃的食材給消費大眾。攝影＿江建勳

經營商品

03
從市場缺口、具競爭力角度進入市場

　　既然決定進入火鍋市場，那必須先明瞭想以怎樣的形式來經營，可以從市場缺口或是仍具有競爭力角度來做選擇。

形式決定販售商品

台灣常見火鍋形式分別為「簡餐式火鍋」（如小火鍋、個人鍋等）、「平價火鍋」（如日式風格的涮涮鍋）、「吃到飽火鍋」（即食材種類多，具會附點心、飲料、冰等）、「頂級特色火鍋」（即不強調量多，倒以獨特與質精取勝）。福華國際文教會館中餐主廚林玉樹認為，在進入市場時，可以看看市場缺什麼，再進而決定經營形式，並抓出自己的優勢，才能在環境中拉出競爭力。

吃鍋以外的附加變化

看準消費者求新求變的需求下，業者也不斷在吃法上做其他結合，創造嗑鍋以外的不同吃法與變化。像是台灣至今也盛行的「火烤兩吃」，火鍋吃法、口味變得有特色之餘，選擇性也變多了；至於大陸則流行吃火鍋配奶茶，將「火鍋」與「茶飲」做一結合，以一食一飲、一熱一冷方式，讓消費者產生獨特的飲食體驗。

04

找出與競爭對手的最大差異

　　決定經營的火鍋商品時，除了火鍋湯底，福伯本草養生屋技術長盧俊欽建議，另也能夠從香料來切入，既能與市場產生區隔，又能增加產品本身的優勢。

特殊湯底補足市場缺口

盧俊欽指出，大陸火鍋品牌經營者，嘗試將菜品、湯品轉而製成火鍋湯底，成功做出差異，也補足市場缺口。印象最深刻的例子莫過於源自大陸品牌的「撈王鍋物料理」，經營者將廣東省傳統的地方名菜豬肚包雞，以廣式煲湯與傳統火鍋結合，發展出市場少見的煲湯鍋物，健康、養生，成功地補齊市場缺口，也找到品牌自己的發展之路。

用香料與他牌比拼

各家業者除了在火鍋湯頭盡力研發之外，也不少品牌業者從香料切入，製造差異化。隸屬王品集團的「青花驕」為能在麻辣鍋市場異軍突起，以九葉青花椒作為自家麻辣鍋物的靈魂，不但香、麻、辣續航力足，還有提鮮作用。

撈王鍋物料理將廣式煲湯與傳統火鍋結合，發展出市場少見的煲湯鍋物。攝影＿Amily

199

上圖＋右圖＿為應變市場需求，火鍋品牌業者也相繼推出不同的品牌，讓經營變得更具彈性。攝影＿江建勳

營運方針

05
國內仍多以直營為
經營方向

　　剛進入市場的經營者，首間火鍋店多以經營單店為主，後續才有所謂的直營連鎖、加盟連鎖等。要發展成為連鎖，多先從單店開始做起，逐漸累積在經營與管理上的知識，並建立市場定位與品牌後，才逐漸成立連鎖體系。

直營連鎖易顧品質與形象
直營連鎖由總部集中管控，可即時掌握分店狀況以及確保產品與服務品質，但資金受限是發展辛苦的地方，不過為了管控品質以及維持品牌形象，直營仍是火鍋市場中常見的營運模式。

加盟連鎖總部缺乏約束力
至於加盟連鎖，因具有總部對加盟者缺乏約束力的問題，常容易淪為各自發展，導致最後失去整體一致性，甚至難以形塑企業形象等，因此不少市場火鍋品牌仍對加盟連模式多做保留。

06
建立多元品牌擴展其他客源

為顧及市場特性與需求，不少火鍋品牌在經營一段時間，會選擇建議立副品牌以在不同市場中做出區隔，同時也能擴展觸及其他客源。

以不同品牌提高經營彈性

為應變市場需求，火鍋品牌業者也相繼推出不同的品牌，讓經營變得更具彈性。以王品集團為例，與鍋物相關就囊括了「聚北海道昆布鍋」、「石二鍋」、「12MINI」等，這些品牌各自切出共鍋、單人鍋之別，以及做出中平、平價等之分，而後又從湯頭再拉出區隔，於 2017 年成立「青花驕」麻辣鍋品牌。

07
充分了解才建議進入海外市場

海外市場環境不比在台灣，當供應鏈體系（如原物料供應、設備、維修……等）出了狀況，身處台灣還能就近處理解決；當地消費者習慣不熟悉，既無法被在地民眾接受，也無法有效打開市場。

打開當地資源與人脈

打算進入海外市場者，建議要先對該環境有所了解，甚至要具備開發當地資源與人脈的能力，進入時才不會頻頻受挫。再者因為海外市場有屬所國家相關規範，無論是店鋪經營、原物料運送……等，各地要求都不大相同，建議進入海外市場前宜做充分的理解。

街洞悉當地消費民情

進入海外市場時，了解當地消費民眾飲食習慣與喜好也很重要，像「撈王鍋物料理」經營者在進入海外市場時，忽略了內地民眾的飲食文化習性，品牌剛推出時未獲得好反應，直接後續做了改善與調整，整體才逐漸步上軌道。

上＿剛進入市場的經營者，首間火鍋店多以經營單店為主。下＿一個品牌在進入海外市場時，了解當地消費民眾飲食習慣與喜好，是相當重要的事。攝影＿江建勳

店鋪布局

08
**店鋪選址緊扣品牌
目標客群**

現今開店選址一定要清楚知道自身品牌的定位，以及要銷售的客群，縱使地點再好、租金再合理、人流再多，但若這些非主要目標對象，依然不會上門光顧。

◎清楚經營客源的流向
來自韓國的「兩餐韓國年糕火鍋」訴求青少年、上班族、喜歡韓流的民眾為主，店鋪位置就鎖定在台北市西門町、東區忠孝東路一帶，這區域較多年輕族人流，比較能觸及到喜歡韓流文化、嚐鮮的民眾上門嚐。

09
**街邊店走向商場開
拓不同客群**

街邊店向來是許多餐飲人創業的起點，但近年，無論大陸或台灣，不只火鍋其他餐飲品牌均紛紛從街邊店轉向百貨商場，這股趨勢愈發明顯。

◎街邊店轉百貨店成趨勢
餐飲街邊店常有鄰居檢舉味道太重、聲音太吵等問題，成為店家經營時的困擾，正因百貨公司能統一管理、處理這些問題，再加上商場內品牌密集能有效集客，逛街、吃飯一站滿足，使餐飲店家願意從街邊店進駐百貨店經營。

◎百貨並非萬靈丹
凡事都有一體兩面，進入百貨市場仍有其缺點，如租約期過長、營業額下限、有無要配合優惠活動、有後續集客力衰退⋯⋯等問題，進駐前宜做仔細評估。

開店選址一定要清楚知道自身品牌的定位。攝影__Amily

上圖＋右頁圖__橘色涮涮屋於2018年進駐到百貨商場，藉由商場接觸不同的消費端。攝影__Amily

10

協力廠商網絡齊全，
再開始跨域經營

無論是台灣內地跨城市的經營，還是海外品牌鮭魚返鄉跨海經營，首要得先檢視人事、協力網絡是否齊全，因為在展店時這些後備協力廠商都必須強大，才有辦法應對所屬各地分店所面臨的狀況。

◎後備資源要完備

後備資源包含同仁們的調度、原物料商品的供給與配送，以及設備維修廠商……等，當這些都建置齊全且完備時，宜再做出展店或跨城市擴點經營的決定，貿然而行風險必定很高。

建議火鍋經營者必須做好相關庫存的管控，才不易形成資金、資源上的浪費。攝影＿江建勳

物料管控

11

找方法降低原物料
的買進成本

原物料在火鍋經營中重要的費用支出，建議經營者必須做好相關庫存的管控，才不易形成資金、資源上的浪費。

記得找出最適庫存量

原物料的管理上，宜擬訂出一套制度外，亦可透過 POS 後台分析，檢視各商品銷量與占比變化，進而得知原物料的使用情況，從中找到最適的庫存量，勿進物料管控貨過少以免發生缺貨情況，同樣也勿進貨過多，積壓資金同時也浪費倉儲空間。

使用當令食材、品牌共同降低耗損

要降低原物料的買進成本，一是可以選擇當令食材，便宜好吃、費用也不太貴；抑或是像海霸王集團選擇在自家集團下的德立莊飯店內，先後開了「打狗霸」個人火鍋、「ICE PAPA」冰品店，以及「前鎮水產」，3 間品牌的食材互相支援共用，把食材耗損率降到最低。

行銷推廣

12
善用各方資源做好
品牌推廣

　　火鍋產業競爭激烈，更是應該要善用各方資源做好推廣，才不會使得品牌被民眾給淡忘。實體廣告文宣、數位打卡行銷，甚至結合百貨商場通路共同傳宣皆可，好讓民眾一年四季都會想吃火鍋並且入店光顧。

淡旺季都要做好行銷

夏季木就是火鍋的淡季，為了要刺激民眾消費，可逆向善用「氣溫」來做促銷方案，甚至搭配推出一些清涼食品（如冰品的推出），消暑又能降低吃鍋的抗拒感。至於冬季雖說是火鍋旺季，但同樣的也會有許多新興品牌搶進市場，同樣也必須做足一些行銷、甚至提供優惠方案（如打卡送肉），好牢牢抓住消費者的心。

善用通路檔期共同送好康

有些火鍋品牌選擇進駐百貨、Mall 等，而這些通路也會依據檔期推出不同的優惠活動，品牌不妨善加利用這些檔期，祭出好康給消費者，重新喚起顧客對品牌的注意力，也能帶動他們入店消費者可能性。

善用各式行銷方式，讓民眾一年四季都會想吃火鍋並且入店光顧。攝影__Peggy

文、整理__余佩樺　攝影__Amily、Peggy、江建勳　專業諮詢__周易設計工作室創始人周易、古魯奇建築諮詢有限公司設計總監暨創辦人利旭恒、晴天見設計設計總監洪嘉彥、舞夏設計設計總監楊博勛、文儀室內裝修設計有限公司設計總監李紹瑢　圖片提供__古魯奇建築諮詢有限公司、舞夏設計

火鍋空間設計重點

鍋物空間設計裡，設計觸及的面向相當廣，除了風格主題、定調，如何評估桌數以達效率？異味殘留問題又該如何解決？環境用電問題有沒有想過？透過「外觀設計」、「主題風格」、「座位動線」、「設計規劃」、「設備管線」、「照明材質」等六大面向做要解説明，快速掌握火鍋空間的設計重點。

☑ 外觀設計

01

規劃醒目的
招牌設計

輕井澤鍋物以規模大且搶眼的設計來立定招牌，在一片火鍋街中形成醒目的焦點。攝影__Peggy

外觀設計不僅能傳遞業主希望呈現的形象與概念，同時也是顧客決定是否要走進店裡的重要關鍵。像知名連鎖火鍋，就會用規模大且搶眼的設計來立定招牌，一來能帶出氣勢，二來也能在一片火鍋街中形成醒目的焦點。

02
善用他方式
吸引人潮

　　有些火鍋品牌屬於獨立店面，且又位處於巷子內，為了吸引人潮目光，除了有正招、側招，另也會善用其他活動立式招牌來讓客人發現店鋪。另外，也有一些店家也會用大面玻璃窗景，讓人一目了然餐廳種類與內部設計，藉其引發消費者想一探究竟的慾望。

上__鼎王麻辣鍋以大面玻璃窗景設計方式，引發消費者想一探究竟的慾望。攝影__Peggy　下__鮨一の鍋店面，除了正招也善用其他活動立式招牌吸引人潮目光並上門。攝影__江建勳

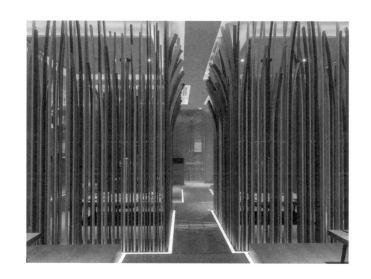

☑
主題風格

03

定位與風格主題
息息相關

　　古魯奇建築諮詢有限公司設計總監暨創辦人利旭恆建議，餐廳空間的規劃，主要是依據其定位而有所不同，針對定位、鍋物料理等，再去延伸火鍋空間本身的風格、視覺設計元素等，這樣才能讓整連貫且一致。像是，「聚酒鍋」為營造出高格調且富有文化品味的餐廳形象，利旭恆便以「竹」作為意象，在熙來攘往的熱鬧商場裡築起一片幽靜竹意。

04

主題不忘整體的統
籌整合

　　在確立火鍋的主題風格甚至調性後，也別忘了要將設計納入整體的統籌整合之中。統籌整合項目包含企業形象、平面、廚具、傢具、餐具……等設計，這些都要透過設計將主題串聯其中，一來消費者能夠快速建議對餐飲品牌的印象，二來也能了解品牌本身想要提供的服務、料理及訴求概念。

左頁＋右頁圖＿聚酒鍋為營造出高格調且富有文化品味的餐廳形象，延請古魯奇建築諮詢有限公司設計總監暨創辦人利旭恆來做規劃，以「竹」作為整體的設計意象。圖片提供＿古魯奇建築諮詢有限公司

05
設主題打卡牆增加互動

打卡風潮依然不退流行，在替店鋪進行主題規劃時，不妨加入打卡牆，無論民眾在等待候位、用餐過程都可以有打卡拍照的機會，既能與民眾進行互動、對話，同時也能讓他們成為品牌本身最有利的宣傳倡導者。

06
設計讓商品、烹煮變成賣點

食材新鮮、材料現切，已成為火鍋經營上的一大賣點，過去不見得會將此公開，而今在這個重視食品安全、講求食物來源的年代，愈來愈多品牌會將此做展露，甚至透過設計讓它成為一大賣點，消費者在吃鍋的同時也能清楚看到食物的處理過程，增添信任度。

愈來愈多火鍋品牌業者將食材來源、處理過程做一透明公開，增添消費者對飲食的信心。圖片提供＿古魯奇建築諮詢有限公司

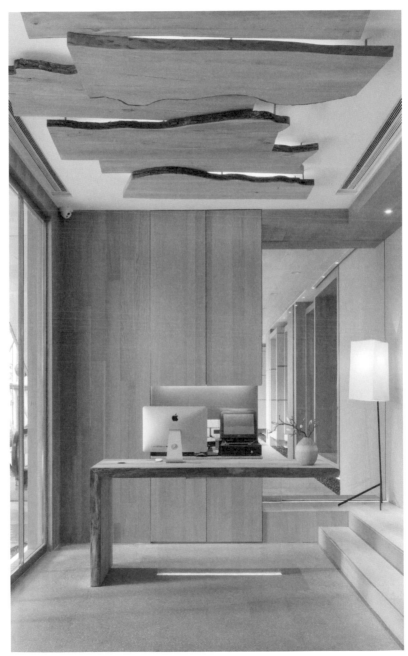

空間內規劃吸睛設計，讓民眾可透過打卡上傳至網路，替品牌做有利的宣傳者。圖片提供＿古魯奇建築諮詢有限公司

座位動線

07
依經營模式規劃桌椅種類與數量

晴天見設計設計總監洪嘉彥建議，「規劃座位的第一步驟就是要預想來店消費的是哪些人，另外也連同販售鍋物形式（合鍋或個人鍋）、價位等，一併納入考量，可更明確配置出所需的座位形式。」以單人鍋為例，客群囊括上班族與家庭客，除 2 ～ 4 人座亦可加入吧台座，前者遇狀況可將桌子分拆或合併應對，後者則可滿足單獨客。用餐為求舒適，餐桌高度約 65 ～ 70 公分、成人椅子高度約 40 ～ 45 公分、深度約 36 ～ 40 公分、寬度約 43 ～ 60 公分；吧台桌高度約 76 ～ 91 公分、椅子高度約 45 ～ 76 公分、深度約 36 公分、踩腳高度約 23 公分。

08
座椅隨風格走、尺寸則取決定位

座椅傢具的選擇，最安全的方式當然是跟著室內風格走，同類型設計可以有強化風格的效果；但對比的風格搭配也能夠創造出反差感，仍端看火鍋空間本身想傳遞怎樣的概念為主。至於尺寸，若是定位在高檔階層，通常會相當考究尺寸與舒適度；反觀定位平價者，在考量翻桌率下，若座位太舒服反而會讓客人久坐，不利於快速翻桌。

規劃空間上，配置足夠的走度寬度，以利同仁出菜時不會干擾到消費者。圖片提供＿古魯奇建築諮詢有限公司

安排火鍋空間的動線時，建議朝不曲折、不迂迴為主。攝影＿Amily

09
流暢動線
增加服務品質

　　鍋物空間裡，動線流暢與否關乎服務品質，因為工作人員除了出菜，還必須時時替客人供提加湯、撈渣……等服務，周易設計工作室創始人周易建議，在安排動線時朝不曲折、不迂迴為主，若行走必須拐彎繞道，容易影響出餐速度，甚至形成人員上的疲累；反之動線是流暢者，服務人員能隨時觀察顧客用餐情況，一有需求就能快速抵達並給予解決。

10

**走道寬度
符合人體工學**

考量火鍋出菜通道、推車或人搬運貨物，甚至是兩人交錯經過的情形，依人體工學來看，人的肩膀寬為 75 公分、推車寬度為 60 公分，建議一人通行下，走道寬至少需要 75 ～ 90 公分，兩人交錯則需要 150 公分以上。

座椅傢具的選擇可依著室內風格走，同類型設計可以有強化風格的效果。攝影＿Amily

11
留意各地法規與無障礙設計規範

商業空間的規劃考量安全與通用性，在各個家會有不同的規範考量，以台灣為例，文儀室內裝修設計有限公司設計總監李紹瑄提醒，面積為 300 平方公尺（約 90 坪）以上的餐廳，需設置無障礙設施。另外，利旭恆提醒，大陸餐飲空間的消防規範中，主次通道的尺度也有差別，主通道寬度為 140 公分，次通道為 100 公分。設計前宜留意各國家的規範，以免誤觸法。

12
配置規劃，依據重效率、求氛圍有所不同

店鋪的空間劃分有多種可能性，包含候位區、收銀區、座位區、廚房、廁所、儲藏室……等，就火鍋空間而言，利旭恆建議，可先區分出是重視效率還是氛圍感受、隱私，兩者出發角度不大相同。訴求效率須將座位數量或動線等機能性問題列為設計重點，好讓坪效發揮到最大，創造出足夠的座位數；若店鋪重視的是氛圍感受與隱私性，可在環境中加入隔屏，圍塑出獨立空間的效果，抑或是加入包廂概念，提供消費者奢華、尊榮的用餐感受。

由周易設計工作室創始人周易規劃的輕井澤拾七石頭火鍋永春東七店，可看到餐廳櫃台以建材本色傳達品牌精神，長櫃底座4塊保留石皮的原岩，在燈光輝下成為視覺焦點；餐廳內藉由一片綠意模擬日本京都嵐山的竹林風情，讓用餐環境更具雅緻。。圖片提供__周易設計工作室

設備管線

13

**有效排風，減少異
味在空間中殘留**

對於火鍋店來說，味道與空氣清新度絕對是消費者最在意的部分，如何有效減少異味在空間中的殘留，考驗著各店家。洪嘉彥建議，除了抽風機（負壓）、冷氣機（正壓），可再增加自然進氣設備，其作用在於平衡環境中的正負壓，也有助於節省能源。另外也可以參照「海底撈」的規劃方式，在桌面下配置下吸式抽風機，吃火鍋時能將產生的氣味抽走掉，減少接觸油煙的機會。

14

**重新計算用電，
讓使用更為安全**

烹煮火鍋常見以瓦斯爐或電磁爐，前者火力夠、成本低，後者因電費成本較高，但均有業者在之間做取捨。若選擇使用電磁爐，李紹瑄、舞夏設計設計總監楊博勛均建議要記得重新計算用電，可協同電力技師來做全面性的評估，替使用安做把關。倘若直接延用，容易出現跳電及走火的危險。

開設火鍋店時，建議都要重新計算用電，讓餐飲空間更為安全。圖片提供＿古魯奇建築諮詢有限公司

出舞夏設計操刀的鏜樂極上和牛海鮮鍋物，設計者以飽和、鮮明色調形塑出花牆，輔以黑、白、灰色作為為襯底，讓消費者能夠從外觀不規則破碎的開口，看到那隱隱約約露出的花色，引發想入店一探究竟的慾望。圖片提供＿舞夏設計

照明材質

15
桌面一定要打光，他處則可找出次焦點

　　鍋物空間設計除了裝潢外，照明規劃在整理氛圍營造上，具有畫龍點睛的效果，微微的光線轉換就能帶來不同感受。照明設計上食物為首要、其他為次要，桌面一定要打光，好讓人能看清楚美味的食物，常見以使投射燈具為主。若是想表現氛圍，可將光線分散在天花、牆面、地坪上，空間裡產生不同的焦點，也能夠再帶出其中的深度與層次。

16
材質好清潔也要符合規範

　　為了維持空間的乾淨整潔，餐廳須每天清潔，再者天天有客人進出往返，因此在材質選擇上仍訴求好清潔、抗污、耐刮、耐撞為主。另外，現今商空設計也訴求永續環保，預算條件允許下也可考量環保材質，性能不差還能兼顧愛地球責任。特別提醒的是，不少火鍋空間還是會有使用到瓦斯，選擇材質時也要將符合消防法規納入考量，確保安全與保障。

Chapter

/

04

火鍋店開店計畫

在了解不同火鍋品牌的經營模式與概念後,是否更加確立想完成自行開店創業的
夢想?若是,那麼接下來就好好閱讀相關的開店計畫,把問題點一一擊破,早日
讓自己的夢想實現。

Plan01　開店計畫

Plan02　店鋪選址

Plan03　資金結構

Plan04　損益評估

Plan05　人事管理

Plan06　物料倉管

Plan07　設計規劃

Plan08　裝潢發包

Plan09　教育訓練

Plan10　廣告行銷

Plan

01

開店計畫

跟領死薪水相比，創業開店似乎更加誘人，促使不少人爭相投入。但，創業開店真的這麼容易？其實不然。它和上班一樣都是在工作，作為老闆不但要投入更多心力與勞力，也得面對創業成功與否的壓力，這並不是光靠熱情就足以支撐的。因此開店前最好問清自己能否面對這一切而不被嚇跑，否則只是盲目跟風投入，照樣也會面臨草率收場的局面。

開店動機

開店前問問自己的投入的動機？想圓夢當老闆？建構屬於自己的品牌？還是希望提供市場不一樣的商品？不論動機是哪一種，既然選擇創業，切記「獲利」仍是主要目標，因為這是永續經營的必要條件。

經營型態

經營火店前，必須要了解目前的市場狀態，例如市場規模狀況、競爭對手為何，以及現今火鍋經營的趨勢型態走是怎麼走等。是單純想走獨立店型？還是全數直營？抑或是發展到一定規後，進入加盟連鎖體系，由於經營型態、思維均不同，進入市場前得細細思量。

了解定位

樹立自己的品牌定位相當重要，若不建立則無法在市場中出線，更無法擬出要經營的商品，甚至是目標客群。像橘色餐飲集所推出的火鍋品牌「橘色涮涮屋」與「Extension1 by 橘色」皆走高端定位，不僅走出共鍋與個人鍋的市場價值，所推出的產品與服務的核心理念一致，對應到的目標客源亦相當清楚。

清楚客源

進入市場一定要洞析客源的消費者習慣、消費力道等，如此一來所擬定價位的商品，才能被接受。像是「滾吧 Qunba 鍋物」起初設定的中高價位的個人套餐模式，但這樣的定位未能在該商業區段中產生效應，於是在開業 1 個月後決定調整經營模式，改走中低價格模式，經營才逐漸出現曙光。

資金計畫

開店前相關的資金籌備計畫宜擬定好，包括究竟要採取合資或獨資方式進行？若採取合資，那麼個人與他人出資金額比例為

何？若採取獨資銀行貸款又為多少等，因為這些都會影響後續整體股份與紅利分配，在開店前就應先設定規劃好。

營運計畫

店鋪經營有分短、中、長期目標，在擬定計畫書時，可以將各時期的目標規劃羅列出來，好讓自己明白事業發展的可能性以及各個階段的目標。例如開業第一年達損益兩平，開業第二～三年獲利回收……等，有了目標才能強迫自己更加努力，讓經營快速步上軌道。

Plan

02

店鋪選址

產品定位影響店鋪的選擇，依其決定要座落在人流量比較大的商業區附近，還是家庭客社區等，除了人流，交通是否便利也得一併納入考量才行。

人流與交通皆重要

一般來說選擇一個好的店鋪位置，人口流量是一大重點，無論鎖定的是商業區、大學區、旅遊區等，人口愈多愈密集愈好，才能有助於營運；另外，店所屬地點的交通便利性也很重要，是否緊鄰捷運站？好不好停車？只要符合便利性就有機會帶動購買力道。

所屬地消費水平也重要

一般來說所屬地的人口的收入水準也很重要，因為這直接對應他們的消費水平與能力，若所設定的鍋物價格帶，對該區的消費客群來說是一大負擔，那麼進駐於此也無法有效經營。

店鋪要能夠發揮坪效

無法發揮坪數效益的物件，亦會造成經營上的困擾，因此在尋找店面時，也去評估它是否能達成預期的營收目標，如果坪效無法發揮，那麼千萬不要勉強或貿然承租。特別是初創者容易心急，有些好的物件必須透過一些時間的等待，寧願花時間找到自己能夠負擔的物件，也不要衝動行事。

別讓店租成一大負擔

租金在餐飲的財務費用上屬於「固定成本」，一旦承租下去，短時間很難再做變動。開吧餐飲顧問股份有限公司創辦人魏昭寧提醒，開店切記要原量力而為，千萬別讓沉重房租既變成負擔，因為利潤很容易被龐大的租金給犧牲掉。實踐大學餐飲管理學系專技副教授兼系主任高秋英建議，最好將租金佔比控制在總營業額比重的10％，過高容易造成經營上的負擔。實際以「石研室‧石頭火鍋」品牌為例，其總部在替加盟店家尋求店面時，雖租金會依現場做評估修正，但基本上也是將店租佔比控制在營業額的10％以內。

進駐百貨店成新趨勢

早期大家開店創業多半以街邊店為優先考量，但其面臨常有鄰居檢舉味道太重、聲音太吵等問題，成經營者的一大困擾，因此開始有不少業者選擇進駐百貨商場、Mall等，業者能夠統一管理、處理這些問題，再加上商場內品牌密集能有效集客，逛街、吃飯一站滿足，使餐飲店家願意從街邊店進駐百貨店經營。

Plan

03

資金結構

開一間店必須要去了解前期資金籌集及未來的使用情況，每個階段按照營業計畫做有效的分配，好讓店面的經營能有足夠的資金做支撐與運轉，營運才得以順利進行下去。

有效分配資金佔比

開店除了基本店租、人事、設備、裝潢、物料、水電……等，另外還有預備金，雖說現在受冷氣空調所賜，一年四季都有人在吃火鍋，但還是有所謂的淡旺季之分，若是淡季進入市場，那建議預備金就要準備多一些。

成本支出要拿捏好

開設餐飲店，租金、人事、物料三者屬重要的佔比，在有穩定營收基礎下，建議租金成本不要超過總營收的 10%、人事成本不高於 20%，物料則不要超過 30%，若如果能有效控制這些佔比，那連同再扣除其他成本支出，較不會影響營收的表現。不過面對原物料、人事飛漲的現在，要能守住這樣的佔比相當辛苦，因此各家店都盡可能地連同其他地方一併做控管，好讓成本不出現失控情況，造成虧損。

預備金準備

創業相關的費用準備最好按自己的營業計畫、財務預算進行分配，特別是預備金這塊，一定要有所準備，因為剛開店必須花一些時間養客，得有足備的後援撐過前期，到走向穩定與步上正軌。

預備金至少準備半年以上

不少創業開店者都忽略預備金（包含最基本的人事、租金、物料、其他雜支費用等，以及裝潢費用的攤提）的準備，導致日後資金周轉上出現調度困難。特別是開必會遇上淡旺季情況，對於預備金準備至要預抓 6 個月～ 1 年，如果能做更長遠 1 ～ 2 年以上的規劃更好，把攤提時間拉長，創業壓力也不會這麼緊崩。

Plan

04

損益評估

開一間店不能只看生意好不好，還得看它是否會賺錢，而要如何判斷店面是否賺錢則要去檢視損益表，當營收扣除相關費用的攤提後仍有盈餘，才能判定是否有賺或者賺多少。

找出損益兩平點

開一間店首要達成損益兩平目標，愈慢達成即付出的周轉金就愈多，做到損益兩平代表財務從入不敷出到逐步走向轉正情況。「營業收入－營業成本＝營業毛利」但實際上，這並不代表你所賺的錢，因為還需要店租、水電……等「營業費用」，扣除後剩下的即為「營業利益」，但別忘了還有其他費用支出，例如所得稅、創業金若是貸款而來則有利息費用要付，整體扣除完後，即為「稅後淨利」，透過這樣

的結構可得出，當成本、費用愈高時，毛利自然就愈小。

變動與固定成本皆要考量

推算一家店的營業毛利時，除了必須投入的固定成本、費用外，另也建議要將變動成本（如不定時促銷、維修損耗……等）一併納入考量，因為這些都屬於隱性侵蝕毛利的因子，計算時也必須將這些潛藏因素納入，把一些假象剔除才不會讓出現營收虛胖的現象。

Plan

05

人事管理

人事成本在火鍋開店中，是一項重要的支出，人事比例一旦過高，便容易侵蝕掉毛利，可與工作流程相互搭配，找出適切的人力配置模式，才不會造成人員與成本上的浪費。

掌握人力的需求

火鍋店的人力結構與服務量有關，建議在開店前就要做好人力需求的配置，最簡單的便是以一天要達到的營業額去做推算，找出所需要的員額配比。若，以火鍋一天營業額 NT.3 萬元為例，則可從客單、鍋數回推各個用餐時段的來客量，進而找出所需的員工數。

正職、兼職人員相互調配

為節省成本，建議採取正職、兼職人員相互搭配運用，營業期間有所謂的離峰與尖峰時段，遇尖峰時段時就可以彈性聘雇一些短期兼職人員，彼此消化部分工作且提高工作效率，同時也能有效控制成本。

設計時納入效率工作模式

理想情況下，開餐飲店的人事費用的安排切過高，建議分配佔比宜落在總營收的 20％左右。但隨著勞動基本工資連續調漲，首當其衝的便是餐飲業，業者為降低人事成本，除了做人事上的管控外，另也提醒可在設計規劃時加以思量，所規劃的動線一旦流暢，便能減少不必要的步驟或瑣碎工作，千萬別小看這些不必要的步驟或瑣碎工作，零零總總相加起來很有可能就必須要多出一個人的人力去完成，這些無形的成本支出，都影響著開店的獲利。

Plan

06

物料倉管

火鍋店鋪經營中食材原物料是項重要的費用支出，建議經營者必須做好相關的管控，才不易形成資金、資源上的浪費。

降支出與節耗損

原物料不斷上漲的時代，而食材成本又一直是火鍋店經營中開銷最大的支出之一，如何想辦法樽節支出與損耗，成經營者不斷在思考調整的部分。

選用當季價格不貴

要降低原物料的買進成本，不妨可以選擇當令食材，針對節氣做食材上的調整，便宜好吃、費用也不太貴，更重要的是還提供消費者飲食上的變化。

盡可能做到資源共用

除了選用當季食材節低成本與損耗外，另也可以向海霸王集團學習，其選擇在自家集團下的德立莊飯店內，先後開了「打狗霸」個人火鍋、「ICE PAPA」冰品店，以及「前鎮水產火鍋市集」，3 間品牌的食材互相支援共用，把食材耗損率降到最低。

善用系統了解食物流向

經營一家店，對於店內的支出必須清楚，特別像是食材部分，含括庫存、銷售、耗損等，若能清楚掌握，也能有助於後續訂購、銷售經營，甚至作為展店上的參考依據等。「橘色涮涮屋」在橘色餐飲集團執行長袁悅苓與橘色餐飲集團執行長袁保華接手後，於 2017 年導入 SAP Business ByDesign 雲端 ERP 系統後，不僅優化整個營運效率，對於成本控管亦有顯著效益，而這些清楚的數據也有利於決策甚至是後來展店的策略分析等。

Plan

07

設計規劃

店面位置決定好後，接著就是面對內部的規劃。在鍋物空間設計裡，除了動線流暢，讓服務人員能順利出菜、關照到顧客需求外，另外，能否幫消費者多想到一點，更是加分的關鍵。

動線流暢變得格外重要

針對火鍋物空間設計，其動線是否流暢變得相對重要，因為這與服務品質息息相關，不只能夠讓工作人員順利出菜，在替客人進行桌邊服務時，也不會產生干擾的情況。

減少迂迴動線的產生

火鍋店內的服務人員要提供的服務相當繁鎖，若行走動線必須拐彎繞道，既容易影響上菜速度，也易造成疲勞。應配置順暢動線，好讓服務人員能隨時觀察顧客用餐情況，當一有狀況就能快速抵達並給予解決。

多一點貼近人心的設計

吃火鍋很讓人滿足，但偶爾總有一點困擾，因為吃鍋至少需要 1.5 ～ 2 個小時，不是常吃一半手機沒電，再者就是吃完全身沾滿食物味，為改善這些問題點，不少業者

加入更多貼近人心的設計，讓顧客吃鍋愈來愈愉悅。

設計破解需求痛點

近幾年隨智慧型手機興盛，臉書、Instagram 等社群媒體的興起後，「手機先食者」成為現下無可阻擋的趨勢。不少品牌經營者意識到這個需求，在桌子桌邊加設有插座，方便年輕世代愛滑手機需要充電的需求，也一改過去外出吃飯、嗑鍋常遇到手機沒電的窘境。

改善味道沾滿身的困擾

吃火鍋最惱人的莫過於食物味道的殘留，不少業者都在這個部分下苦功，以減少異味在身上、空間的附著。像源於大陸的「海底撈」火鍋品牌，就特別在桌面下配置下吸式抽風機，吃火鍋時能將產生的氣味抽走掉，減少接觸油煙的機會。

Plan

08

裝潢發包

火鍋店鋪有不同的定位，開火鍋店時一定要根據品牌定位做
出合適的店面規劃，然後再根據自己的風格進行裝修。

決定店鋪裝潢方式

火鍋多半以開設獨立店為主，相關設計多半是委託專業設計師或工程團隊統包規劃，再者則是設計完後自己發包工程，另外自己設計與發包工程也是常見的方式之一。若是走向加盟連鎖，通常裝潢都會統一交由總公司一併規劃，延續設計也利於控制工程進度。

預設相關裝潢風險

無論採取何種裝潢方式，都有一定的風險性存在，特別是自行發包工程部分，雖然費用可以稍稍降低，但現今餐廳裝潢法規較為複雜，如台灣面積為 300 平方公尺（約 90 坪）以上的餐廳，必須加設無障礙設施；大陸餐飲空間的消防規範中，主次通道的尺度也有差別，主通道寬度為 140 公分，次通道為 100 公分，若選擇自行發包，宜留意各國家的規範，以免誤觸法。建議還是交由專業的設計公司來規劃處理較為妥當。

設計施工期勿過緊湊

建議在找到店鋪位置時，就宜同步請設計師做初步規劃，預留足夠的設計、施工時間，切勿過於緊湊。另外也要記得要求對方提供完整設計圖、列出明確估價單以及工程進度表，讓相關設計、施工都能照規範走，確立工程得以順利進行。

施工期別拉太長

店鋪的設計、施作都需要時間，特別要留意的是，裝潢期切勿拉得太長，因為當店鋪租下那一刻，租金便已開始計算，所以在決定店面後，為了節省時間建議盡早進入規劃與裝潢階段。

裝潢費用要有所控制

在尋求設計裝潢、添購設備時，千萬別盲目追逐最好或是費用不斷往上堆疊，一來成本增加，二來連帶加深日後攤提速度。至於加盟連鎖多半總部會對火鍋店的裝修進行設計，且設備也都是由總部提供的，相對於費用支出上較一致也在可控範圍內。

Plan

09

教育訓練

隨餐飲業競爭愈趨激烈，服務也成為品牌在經營上的重要手段。然而服務要做得好，人員教育訓練就變得更為重要，透過品牌本身擬定的服務規範教育員工，讓服務更加完善，也替企業帶來更多的經濟效益。

給予同仁完整作業訓練

火鍋經營如同餐廳一般，應依據前場、中場、後場等，給予人員相關教育訓練，並且要定期追蹤、考核，才不會讓服務出現落差。另也建議最好負責前中場的員工，其相關作業都能彼此熟悉，一遇用餐尖峰時段，就能彼此照應，協助消化顧客的即時需求。

提供員工職涯發展規劃

現今也愈來愈多企業意識到人才培育的重要性，像「王品集團」就有所謂的員工職涯發展規劃，須上完集團規定的學分數，才有可能往高一階級邁進，即從工讀生、服務員、助廚、組長、三廚、主任、二廚、店長、主廚到區經理，甚至總經理等，藉此制度讓同仁有所成長，企業也能把好人才繼續留下來。

讓員工看得見未來

經營走到一段時間，品牌為顧好整體形象與品質，不採取加盟方式擴張營運，而是讓同仁一起加入店鋪經營，以直營管理方式，了解其中的學問。像是橘色餐飲集團、撈王（上海）餐飲管理有限公司等，皆導入此作法，一來除了讓同仁們學習管理一家店的大小事，二來也讓他們看得見未來。

Plan

10
廣告行銷

行銷宣傳是能夠讓消費大眾看見品牌的重要關鍵，針對客源、善用不同的行銷手法，主動式、被動式、口碑式……等，讓自己的好服務、好食物都能被宣傳出去廣為知道。

一目了然的廣告語言

面對競爭的火鍋市場，要讓人看見品牌，就必須提供一目了然的廣告語言，透過設計、文字、圖像等元素，讓人知道你的火鍋店鋪的定位、想傳達的訊息、想提供的產品與服務，以及想帶給消費者怎樣的空間感受等。像「肉多多火鍋」以「超大份量肉盤」的行銷方式，從文字到 image，以直覺方式給人留下印象，進而達到廣告宣傳，成功地在連鎖火鍋市場中異軍突起。

了解定位做有義意的宣傳

廣告行銷包含電視、看板、傳單、雜誌、報紙等，在選擇前必須要先了解自身火鍋品牌的定位，再去找到對的行銷方式，如果只是一昧投放，等於在亂槍打鳥，是無法吸引到對的客源上門的。

用對的方式說服目標客源

廣告行銷的選擇不該盲目或照傳統方式來走，而是要用對的方法說服目標客源。若品牌定位在於平價火鍋，具鎖定客源為年輕族群，那麼就要用他們的語言做行銷溝通，《行銷 4.0》一書提及，網路社群影響年輕人消費的關鍵，那就該將行銷投入在他們感興趣的地方，如此才能吸引他們關注，甚至入店消費。

IDEAL BUSINESS 013

火鍋開店經營設計學：市場趨勢 × 經營策略 × 空間設計，
精準定位立於不敗！

作者｜漂亮家居編輯部
責任編輯｜余佩樺
採訪編輯｜楊宜倩、余佩樺、洪雅琪、李與真、陳顗如、王莉姻、
蘇湘芸、楊惠敏、施文珍、陳婷芳
封面＆版型設計｜白淑貞
美術設計｜白淑貞、鄭若誼、王彥蘋
行銷企劃｜李翊綾、張瑋秦

發行人｜何飛鵬
總經理｜李淑霞
社長｜林孟葦
總編輯｜張麗寶
副總編輯｜楊宜倩
叢書主編｜許嘉芬

出版｜城邦文化事業股份有限公司 麥浩斯出版
地址｜104 台北市中山區民生東路二段 141 號 8 樓
電話｜02-2500-7578
E-mail｜cs@myhomelife.com.tw

發行｜英屬蓋曼群島商家庭傳媒股份有限公司城邦分公司
地址｜104 台北市民生東路二段 141 號 2 樓
讀者服務專線｜0800-020-299
讀者服務傳真｜02-2517-0999
E-mail｜service@cite.com.tw
劃撥帳號｜1983-3516
劃撥戶名｜英屬蓋曼群島商家庭傳媒股份有限公司城邦分公司

香港發行｜城邦（香港）出版集團有限公司
地址｜香港灣仔駱克道 193 號東超商業中心 1 樓
電話｜852-2508-6231
傳真｜852-2578-9337

馬新發行｜城邦（馬新）出版集團 Cite (M) Sdn. Bhd
地址｜41, Jalan Radin Anum, Bandar Baru Sri Petaling,
57000 Kuala Lumpur, Malaysia.
電話｜603-9057-8822
傳真｜603-9057-6622

總經銷｜聯合發行股份有限公司
電話｜02-2917-8022
傳真｜02-2915-6275

製版印刷｜凱林彩印股份有限公司
版次｜2019 年 9 月初版一刷
定價｜新台幣 499 元整

國家圖書館出版品預行編目 (CIP) 資料

火鍋開店經營設計學：市場趨勢 × 經營策略 × 空間設計，精準定位立於不敗！ / 漂亮家居編輯部作 . -- 初版 . -- 臺北市：麥浩斯出版：家庭傳媒城邦分公司發行，2019.09
面；　公分 . -- (Ideal business ; 13)
ISBN 978-986-408-539-2(平裝)

1. 餐飲業 2. 創業 3. 商店管理

483.8　　108015234

Printed in Taiwan